"十四五"职业教育国家规划教材

全国餐饮职业教育教学指导委员会重点课题成果系列教材

高等院校"十四五"规划餐饮类专业新形态一体化系列教材

总主编 ◎ 杨铭铎

菜点创新设计与实训
工作手册式

主　编　吴　非　刘　侃　赵福振

副主编　刘居超　杨　君　宫润华　侯邦云

参　编　孙　宇　刘　洁　于梦晗　闫芊彤　王幸幸

　　　　张　恺　邢天丽　刘　蕊　郭瀚博　王宝刚

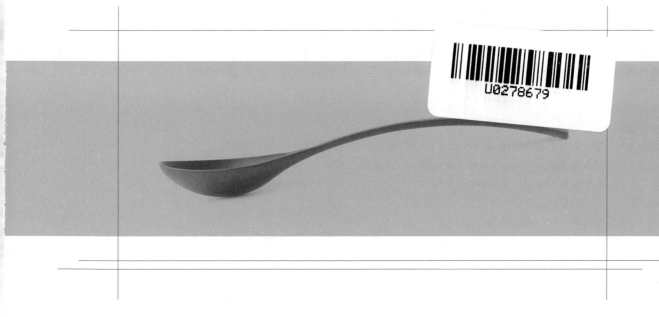

U0278679

华中科技大学出版社
http://press.hust.edu.cn
中国·武汉

内 容 提 要

本书是"十四五"职业教育国家规划教材、全国餐饮职业教育教学指导委员会重点课题成果系列教材、高等院校"十四五"规划餐饮类专业新形态一体化系列教材。

本书探索性地采用工作手册式的全新架构编写,利用翻转课堂的教学手段,以教学中的"学"为重点,共包括 3 个模块、44 个任务。本书配套大量的高清菜点制作过程与成品图片以及菜点制作教学视频。

本书可用作高等院校餐饮类等相关专业的学生教材,也可用作非餐饮类专业学生的公共选修课教材。

图书在版编目(CIP)数据

菜点创新设计与实训:工作手册式/吴非,刘侃,赵福振主编.—武汉:华中科技大学出版社,2021.8(2024.8 重印)
ISBN 978-7-5680-7530-5

Ⅰ.①菜… Ⅱ.①吴… ②刘… ③赵… Ⅲ.①菜谱-设计-高等职业教育-教材 Ⅳ.①TS972.12

中国版本图书馆 CIP 数据核字(2021)第 184025 号

菜点创新设计与实训——工作手册式　　　　　　　　　　　　　　　　　　　吴　非　刘　侃　赵福振　主编
Caidian Chuangxin Sheji yu Shixun——Gongzuo Shouceshi

策划编辑:汪飒婷
责任编辑:曹　霞
封面设计:廖亚萍
责任校对:曾　婷
责任监印:周治超
出版发行:华中科技大学出版社(中国·武汉)　　　电话:(027)81321913
　　　　　武汉市东湖新技术开发区华工科技园　　　邮编:430223
录　　排:华中科技大学惠友文印中心
印　　刷:武汉科源印刷设计有限公司
开　　本:889mm×1194mm　1/16
印　　张:18
字　　数:600 千字
版　　次:2024 年 8 月第 1 版第 3 次印刷
定　　价:69.80 元

全国餐饮职业教育教学指导委员会重点课题成果系列教材
高等院校"十四五"规划餐饮类专业新形态一体化系列教材

丛书编审委员会

主 任

姜俊贤　全国餐饮职业教育教学指导委员会主任委员、中国烹饪协会会长

执行主任

杨铭铎　教育部职业教育专家组成员、全国餐饮职业教育教学指导委员会副主任委员、中国烹饪协会特邀副会长

副 主 任

乔　杰　全国餐饮职业教育教学指导委员会副主任委员、中国烹饪协会副会长

黄维兵　全国餐饮职业教育教学指导委员会副主任委员、中国烹饪协会副会长、四川旅游学院原党委书记

贺士榕　全国餐饮职业教育教学指导委员会副主任委员、中国烹饪协会餐饮教育委员会执行副主席、北京市劲松职业高中原校长

王新驰　全国餐饮职业教育教学指导委员会副主任委员、扬州大学旅游烹饪学院原院长

卢　一　中国烹饪协会餐饮教育委员会主席、四川旅游学院校长

张大海　全国餐饮职业教育教学指导委员会秘书长、中国烹饪协会副秘书长

郝维钢　中国烹饪协会餐饮教育委员会副主席、原天津青年职业学院党委书记

石长波　中国烹饪协会餐饮教育委员会副主席、哈尔滨商业大学旅游烹饪学院院长

于干千　中国烹饪协会餐饮教育委员会副主席、普洱学院副院长

陈　健　中国烹饪协会餐饮教育委员会副主席、顺德职业技术学院酒店与旅游管理学院院长

赵学礼　中国烹饪协会餐饮教育委员会副主席、西安商贸旅游技师学院院长

吕雪梅　中国烹饪协会餐饮教育委员会副主席、青岛烹饪职业学校校长

符向军　中国烹饪协会餐饮教育委员会副主席、海南省商业学校校长

薛计勇　中国烹饪协会餐饮教育委员会副主席、中华职业学校副校长

"十四五"职业教育国家规划教材

全国餐饮职业教育教学指导委员会重点课题成果系列教材

高等院校"十四五"规划餐饮类专业新形态一体化系列教材

菜点创新设计与实训

工作手册式

数字教学资源编者名单

主　编	吴　非	杨　君	
副主编	孙　宇	滕书磊	杨学东
	徐　宏	李海峰	孙启新
	李钦奎	温泉海	郑　阳

网络增值服务

使用说明

欢迎使用华中科技大学出版社医学资源网

 1 教师使用流程

（1）登录网址：http://yixue.hustp.com（注册时请选择教师用户）

注册 ＞ 登录 ＞ 完善个人信息 ＞ 等待审核

（2）审核通过后，您可以在网站使用以下功能：

浏览教学资源　　　建立课程　　　　管理学生　　　　布置作业　查询学生学习记录等

教师

2 学员使用流程

（建议学员在PC端完成注册、登录、完善个人信息的操作。）

（1）PC 端学员操作步骤

① 登录网址：http://yixue.hustp.com（注册时请选择普通用户）

注册 ＞ 登录 ＞ 完善个人信息

② 查看课程资源：（如有学习码，请在"个人中心—学习码验证"中先通过验证，再进行操作）

选择课程

首页课程 ＞ 课程详情页 ＞ 查看课程资源

（2）手机端扫码操作步骤

手机扫码 → 登录 → 查看数字资源

注册

开展餐饮教学研究　　加快餐饮人才培养

　　餐饮业是第三产业重要组成部分,改革开放40多年来,随着人们生活水平的提高,作为传统服务性行业,餐饮业对刺激消费需求、推动经济增长发挥了重要作用,在扩大内需、繁荣市场、吸纳就业和提高人民生活质量等方面都做出了积极贡献。就经济贡献而言,2018年,全国餐饮收入42716亿元,首次超过4万亿元,同比增长9.5%,餐饮市场增幅高于社会消费品零售总额增幅0.5个百分点;全国餐饮收入占社会消费品零售总额的比重持续上升,由上年的10.8%增至11.2%;对社会消费品零售总额增长贡献率为20.9%,比上年大幅上涨9.6个百分点;强劲拉动社会消费品零售总额增长了1.9个百分点。全面建成小康社会的号角已经吹响,作为满足人民基本需求的饮食行业,餐饮业的发展好坏,不仅关系到能否在扩内需、促消费、稳增长、惠民生方面发挥市场主体的重要作用,而且关系到能否满足人民对美好生活的向往、实现小康社会的目标。

　　一个产业的发展,离不开人才支撑。科教兴国、人才强国是我国发展的关键战略。餐饮业的发展同样需要科教兴业、人才强业。经过60多年特别是改革开放40多年来的大发展,目前烹饪教育在办学层次上形成了中职、高职、本科、硕士、博士五个办学层次;在办学类型上形成了烹饪职业技术教育、烹饪职业技术师范教育、烹饪学科教育三个办学类型;在学校设置上形成了中等职业学校、高等职业学校、高等师范院校、普通高等学校的办学格局。

　　我从全聚德董事长的岗位到担任中国烹饪协会会长、全国餐饮职业教育教学指导委员会主任委员后,更加关注烹饪教育。在到烹饪院校考察时发现,中职、高职、本科师范专业都开设了烹饪技术课,然而在烹饪教育内容上没有明显区别,层次界限模糊,中职、高职、本科烹饪课程设置重复,拉不开档次。各层次烹饪院校人才培养目标到底有哪些区别?在一次全国餐饮职业教育教学指导委员会和中国烹饪协会餐饮教育委员会的会议上,我向在我国从事餐饮烹饪教育时间很久的资深烹饪教育专家杨铭铎教授提出了这一问题。为此,杨铭铎教授研究之后写出了《不同层次烹饪专业培养目标分析》《我国现代烹饪教育体系的构建》,这两篇论文回答了我的问题。这两篇论文分别刊登在《美食研究》和《中国职业技术教育》上,并收录在中国烹饪协会发布的《中国餐饮产业发展报告》之中。我欣喜地看到,杨铭铎教授从烹饪专业属性、学科建设、课程结构、中高职衔接、课程体系、课程开发、校企合作、教师队伍建设等方面进行研究并提出了建设性意见,对烹饪教育发展具有重要指导意义。

　　杨铭铎教授不仅在理论上探讨烹饪教育问题,而且在实践上积极探索。2018年在全国餐饮职业教育教学指导委员会立项重点课题"基于烹饪专业人才培养目标的中高职课程体系与教材开发研究"(CYHZWZD201810)。该课题以培养目标为切入点,明晰烹饪专业人才培养规格;以职业技能为结合点,确保烹饪人才与社会职业有效对接;以课程体系为关键点,通过课程结构与课程标准精准实现培养目标;以教材开发为落脚点,开发教学过程与生产过程对接的、中高职衔接的两套烹饪专业课程系列教材。这一课题的创新点在于:研究与编写相结合,中职与高职相同步,学生用教材与教师用参考书相联系,资深餐饮专家领衔任总主编与全国排名前列的大学出版社相协作,编写出的中职、高职系列烹饪专业教材,解决了烹饪专业文化基础课程与职业技能课程脱节,专业理论课程设置重复,烹饪技能课交叉,职业技能倒挂,教材内容拉不开层次等问题,是国务院《国家职业教育改革实施方案》提出的完善教育教学相关标准中的持续更新并推进专业教学标准、课程标准建设和在职业院校落地实施这一要求在烹饪职业教育专业的具体举措。基于此,我代表中国烹饪协会、全国餐饮职业教育教学指导委员会向全国烹饪院校和餐饮行业推荐这两套烹饪专业教材。

习近平总书记在党的十九大报告中将"两个一百年"奋斗目标调整表述为:到建党一百年时,全面建成小康社会;到新中国成立一百年时,全面建成社会主义现代化强国。经济社会的发展,必然带来餐饮业的繁荣,迫切需要培养更多更优的餐饮烹饪人才,要求餐饮烹饪教育工作者提出更接地气的教研和科研成果。杨铭铎教授的研究成果,为中国烹饪技术教育研究开了个好头。让我们餐饮烹饪教育工作者与餐饮企业家携起手来,为培养千千万万优秀的烹饪人才、推动餐饮业又好又快地发展,为把我国建成富强、民主、文明、和谐、美丽的社会主义现代化强国增添力量。

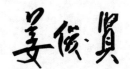

全国餐饮职业教育教学指导委员会主任委员

中国烹饪协会会长

出版说明

《国家中长期教育改革和发展规划纲要(2010—2020年)》及《国务院办公厅关于深化产教融合的若干意见(国办发〔2017〕95号)》等文件指出:职业教育到2020年要形成适应经济发展方式的转变和产业结构调整的要求,体现终身教育理念,中等和高等职业教育协调发展的现代教育体系,满足经济社会对高素质劳动者和技能型人才的需要。2019年2月,国务院印发的《国家职业教育改革实施方案》中更是明确提出了提高中等职业教育发展水平、推进高等职业教育高质量发展的要求及完善高层次应用型人才培养体系的要求;为了适应"互联网+职业教育"发展需求,运用现代信息技术改进教学方式方法,对教学教材的信息化建设,应配套开发信息化资源。

随着社会经济的迅速发展和国际化交流的逐渐深入,烹饪行业面临新的挑战和机遇,这就对新时代烹饪职业教育提出了新的要求。为了促进教育链、人才链与产业链、创新链有机衔接,加强技术技能积累,以增强学生核心素养、技术技能水平和可持续发展能力为重点,对接最新行业、职业标准和岗位规范,优化专业课程结构,适应信息技术发展和产业升级情况,更新教学内容,在基于全国餐饮职业教育教学指导委员会2018年度重点课题"基于烹饪专业人才培养目标的中高职课程体系与教材开发研究"(CYHZWZD201810)的基础上,华中科技大学出版社在全国餐饮职业教育教学指导委员会副主任委员杨铭铎教授的指导下,在认真、广泛调研和专家推荐的基础上,组织了全国90余所烹饪专业院校及单位,遴选了近300位经验丰富的教师和优秀行业、企业人才,共同编写了本套全国餐饮职业教育教学指导委员会重点课题成果系列教材。

本套教材力争契合烹饪专业人才培养的灵活性、适应性和针对性,符合岗位对烹饪专业人才知识、技能、能力和素质的需求。本套教材有以下编写特点:

1.权威指导,基于科研 本套教材以全国餐饮职业教育教学指导委员会的重点课题为基础,由国内餐饮职业教育教学和实践经验丰富的专家指导,将研究成果适度、合理落脚于教材中。

2.理实一体,强化技能 遵循以工作过程为导向的原则,明确工作任务,并在此基础上将与技能和工作任务集成的理论知识加以融合,使得学生在实际工作环境中,将知识和技能协调配合。

3.贴近岗位,注重实践 按照现代烹饪岗位的能力要求,对接现代烹饪行业和企业的职业技能标准,将学历证书和若干职业技能等级证书("1+X"证书)内容相结合,融入新技术、新工艺、新规范、新要求,培养职业素养、专业知识和职业技能,提高学生应对实际工作的能力。

4.编排新颖,版式灵活 注重教材表现形式的新颖性,文字叙述符合行业习惯,表达力求通俗、易懂,版面编排力求图文并茂、版式灵活,以激发学生的学习兴趣。

5.纸质数字,融合发展　在新形势媒体融合发展的背景下,将传统纸质教材和我社数字资源平台融合,开发信息化资源,打造成一套纸数融合一体化教材。

本系列教材得到了全国餐饮职业教育教学指导委员会和各院校、企业的大力支持和高度关注,它将为新时期餐饮职业教育做出应有的贡献,具有推动烹饪职业教育教学改革的实践价值。我们衷心希望本套教材能在相关课程的教学中发挥积极作用,并得到广大读者的青睐。我们也相信本套教材在使用过程中,通过教学实践的检验和实际问题的解决,能不断得到改进、完善和提高。

前言

习近平总书记在党的二十大报告中强调，完善科技创新体系，坚持创新在我国现代化建设全局中的核心地位。强调加快实施创新驱动发展战略，加快实现高水平科技自立自强，以国家战略需求为导向，集聚力量进行原创性引领性科技攻关，坚决打赢关键核心技术攻坚战。这充分肯定了创新是引领发展的第一动力。

餐饮产品的创新，就是餐饮业发展的第一动力。菜点的创新设计绝非易事。

烹饪的发展从来都是跟随着人类文明发展的步伐。为了追求更加美好的生活，先人们在劳动生产中不断地学习、实践、总结与发现，历经岁月的洗礼与文明的积淀，才逐步形成了现代的风貌。

在烹饪技艺传承的过程中，最重要的元素当然是人。人们在不断地传承与创新中总结经验，如大浪淘沙一般将一项项精湛的烹饪技艺、一道道美味的珍馐佳馔流传至今，组成森罗万象的烹饪流派。这其中，传承需要我们搜集整理以前的资料或拜访老师傅们去学习知识与技法，而创新需要我们通过大量的学习、锻炼与总结相关烹饪知识后，通过自身对于烹饪的理解，去发现新的技法、设计新的菜肴、探索新的味道、组合新的流派、发掘新的食趣，从而开拓出更加广阔的新天地。

所以，创新是所有餐饮人的终身课题。

本着传承不守旧、创新不忘本的编写理念，本教材遵循工作过程导向的教学模式，以学习任务为载体，激发学生的学习兴趣，并利用翻转课堂的教学手段，在每个学习任务的学习过程中，以教学中的"学"为重点，激发学生的学习热情。在学生的学习过程中，通过对创新菜点案例的学习与研究，不仅帮助其学习菜点创新的方法，更锻炼学生自我学习的能力，使其享受学习的过程。本教材编写的目的，就是希望所有餐饮专业学生能够在学习创新设计菜点的过程中，有的放矢，有一个牢固的抓手。2019年国务院印发的《国家职业教育改革实施方案》中明确指出："促进产教融合校企'双元'育人""建设校企'双元'合作开发的国家规划教材，提倡使用新型活页式、工作手册式教材并配套开发信息化资源"。本教材根据国家提倡的"双元"教学理念，完全以工作手册式的架构编写，与企业共同商讨教学内容并合作编写完成。其间制作了大量的菜点制作教学视频，拍摄了大量的高清菜点制作过程与成品图片供学生观摩品鉴，教学内容充实而易于学习，能够为广大的餐饮专业学生在学习菜点创新过程中指明学习方向、提高学习激情、创造社会价值。

本书可用作高职院校餐饮类专业及食品类专业的学生教材，也可作为公共选修课教材适用于非餐饮与食品类专业的学生。

本书采用模块—任务式，分为 3 个模块、包含 44 个任务，其中第三模块由多家餐饮企业高管、总监、烹饪大师与教师合作完成，制作行业中比较成功的创新菜肴，并将其作为教学实例。本教材由黑龙江旅游职业技术学院吴非、刘侃，海南经贸职业技术学院赵福振担任主编。参加编写的人员分工如下：第一模块由吴非、刘侃及普洱学院官润华、信阳农林学院王宝刚编写；第二模块单元 1 由刘侃、云南能源职业技术学院侯邦云编写，单元 2 由吴非、黑龙江旅游职业技术学院孙宇及闫芊彤、邢天丽编写，单元 3 由黑龙江旅游职业技术学院刘居超、杨君、王幸幸编写，单元 4 由黑龙江旅游职业技术学院刘洁、于梦晗、刘蕊、郭瀚博编写；第三模块由刘侃与餐饮企业合作编写。全书课程思政内容由黑龙江旅游职业技术学院张恺编写。数字资源由吴非、杨君、孙宇、哈尔滨市双滕餐饮管理有限公司滕书磊、李海峰、孙启新，黑龙江省将军牛排餐饮有限公司杨学东、李钦奎、温泉海，哈尔滨宏宇餐饮管理有限公司徐宏、郑阳制作；全书由吴非统稿。

在本书的编写过程中，得到了行业专家、各级领导的指导和大力支持，并且参考了大量国内已出版的相关资料。特别鸣谢杨铭铎教授给予的关键性指导。感谢哈尔滨市双滕餐饮管理有限公司滕书磊董事长、黑龙江省将军牛排餐饮有限公司杨学东董事长、哈尔滨宏宇餐饮管理有限公司徐宏董事长对本书编写给予的支持。

由于编者能力与水平的局限，本书还存在不足之处，敬请各位餐饮职教同仁及广大读者批评指正，以便于本书的进一步修订与完善，感谢之至！

编者

目录

模块 3　餐饮业热卖创新菜点实例 241

模块 1

理解与认知

扫码看课件

任务 1　了解菜点的创新

 自主学习任务单

	任务名称	了解菜点的创新	
自学内容、方法与建议	学习目标	1. 知识与技能目标 (1) 了解创新的定义。 (2) 了解菜点创新的定义。 (3) 了解菜点创新的类型。 2. 过程与方法目标 (1) 通过了解创新与菜点创新的定义和类型,转变自己的思维与角色,认识到不仅要掌握已知菜点的制作方法,更要通过对菜点创新的深入学习,运用各种创新手段,设计出众多新颖的菜点。 (2) 增强学习能力,运用思考与实践,总结出经验与方法。 3. 道德情感与价值观目标 (1) 操作过程中精益求精,菜点质量力求完美,培养自己的工匠意识。 (2) 节约食材,不浪费,做到物尽其用。 (3) 学习过程中能够与其他同学紧密合作,及时沟通,提升自身团队合作意识。	
	学习方法与建议	1. 充分学习学案,通过数字教学与书籍等资源学习相关知识。 2. 各组同学之间多沟通,发现自身问题与对方的问题,集思广益,解决问题。 3. 不到万不得已不向教师提问,尽量自行解决问题,锻炼自己的思维能力、逻辑能力与学习能力。 4. 多做多练多动脑。	
	信息化环境要求	1. 拥有能够扫码与上网的智能手机或平板电脑。 2. 以班级为单位建立微信群,便于经验交流。 3. 至少邀请一名行业专家进入微信群,以便能够随时为群中的学生们提供帮助,及时做出评价。	
学习任务	学习任务	学习内容与过程	学习方法建议与提示
	了解菜肴	阅读学案,学习相关知识。	找出并突破重点与难点,灵活思考,激发自己的创新灵感。
	分组自学	分组合作,寻找与观看相关知识的其他书籍与网络学习资源,自行提炼知识,总结学习经验,完成学习目标。	充分利用好网络资源,通过分组合作的方式,汲取更多的知识并整合。
	整合与反馈	将搜集整合好的知识点写在学习心得中,填写本教材提出的问题,完成学习目标。	总结经验,互相交流,运用最有效率的学习方法完成学习任务,思考如何将所学与理解的理论知识运用到未来的实践中,做到知行合一。

续表

练习与检测	自行思考、交流、练习,遇到难点先不要问老师,要学会自主地去解决问题,解决不了的问题标记出来,在课堂实践中提问并讨论,大家一起在老师的帮助下解决问题。
交流与反馈	同学们,完成学习任务的过程中你有没有遇到困难呢? 如果有的话,可以在烹饪专业微信群里进行交流,也可以给学长留言。 　　每个人遇到的问题都会有所不同,大家可以互相帮助,说出你的见解。对于认真交流和反馈,或者积极帮助他人的同学,老师将记录下来进行日常考核加分。 　　可以把做得比较成功的案例相片发到朋友圈,同学们视其品相优劣给出自己的"赞",集"赞"较多的小组给予加分。
自我评价	1. 是否认真完成学案中的内容?(如果做到认真完成,请给自己加上 20 分) 　　2. 是否独立思考与学习,完成学习任务?(每独立思考并完成一个任务后,请给自己加上20 分) 　　3. 你有几次在线反馈交流呢?(每次在线反馈交流后请给自己加上 5 分) 　　4. 对于微信群中其他同学提出的问题,你帮助解答了几次呢?(每解答一次请给自己加上8 分) 　　5. 你集到的"赞"的数量。(1 个"赞"加 1 分) 　　你得到的总分为＿＿＿＿＿＿＿＿＿＿＿＿＿＿＿

自学学案

什么是菜点创新设计	(一) 什么是创新 　　创新,亦作"剙新",一指创立或创造新的,二指首先。该词出自《南史·后妃传上·宋世祖殷淑仪》:"据《春秋》,仲子非鲁惠公元嫡,尚得考别宫。今贵妃盖天秩之崇班,理应创新。" 　　创新是指以现有的思维模式提出有别于常规或常人思路的见解为导向,利用现有的知识和物质,在特定的环境中,本着理想化需要或为满足社会需求,而改进或创造新的事物、方法、元素、路径、环境,并能获得一定有益效果的行为。 　　创新从哲学上说是一种人的创造性实践行为,这种实践为的是增加利益总量,需要对事物和发现的利用和再创造,特别是对物质世界矛盾的利用和再创造。人类通过对物质世界的利用和再创造,制造新的矛盾关系,形成新的物质形态。 　　创意是创新的特定思维形态,意识的新发展是人对于自我的创新。发现与创新构成人类相对于物质世界的解放,是人类自我创造及发展的核心矛盾关系。其代表两个不同的创造性行为。只有对于发现的否定性再创造才是人类创新发展的基点。实践是创新的根本所在。创新的无限性在于物质世界的无限性。 　　创新涵盖众多领域,包括政治、军事、经济、社会、文化、科技等各个领域的创新。因此,创新可以分为科技创新、文化创新、艺术创新、商业创新等等。 　　餐饮企业的创新主要指观念创新、制度创新、技术创新、管理创新、文化创新等方面。这里我们主要涉及技术创新中的菜点创新。

什么是菜点创新设计

（二）什么是菜点创新设计

随着餐饮业的发展，菜点创新的含义发生了很大的变化，顾客对菜点的需求是多方面、多层次的，但归纳起来不外乎两类：一类是对于菜点食物本身物质功能的需求，用以满足解决饥渴、补充营养等生理需求，这类需求是顾客对菜点的直接需求、基本需求；另一类是建立在餐饮实用功能之上的，以满足顾客对于安全感、支配控制感、信赖感、便利感、身份地位感、自我满足感等的心理需求，这类需求通常被称为对菜点的间接需求。二者的完美结合才能构成一次满意的甚至是难忘的用餐经历和体验。因此，现代菜点是由有形的餐饮实物、无形的餐饮服务和非餐饮实体的餐饮环境等多种因素组成的有机整体。

实际上，菜点创新设计是餐饮企业产品创新设计的简称，笼统来讲是指一切与菜点创新相关或针对菜点创新的创新设计行为与活动。具体来讲，它是建立在广义菜点创新概念上的以市场为导向的全方位提高产品价值的系统工程，是经营者抓住市场的潜在机会，以获取商业利益为目标，重视生产条件和产品要素，讲求实用性、可操作性和市场价值，建立起更符合消费者饮食习惯和爱好要求的费用更低的生产经营系统，从而推出新的创新菜点，如新原料、新技法、新炊具、新工艺、新盛器、新服务、新环境等，它是包括企业的市场定位、企业文化、企业特点和消费者的心理需求等一系列要素的综合。

只有在准确地把握菜点创新设计内涵的基础上，才能进行有效的菜点创新设计活动。菜点创新设计不是应景赶时髦，不是人为制造个别亮点和热点。从本质意义上说，菜点创新设计是顾客需求发展的要求，是餐饮企业在市场上求得生存和持续发展的要求，符合经济发展的规律，符合知识经济发展的要求。它一方面有助于适应顾客需求发展的变化，餐饮企业必须紧跟消费潮流，预测需求变化，方能掌握市场主动权；另一方面有助于餐饮企业维持竞争优势。目前餐饮市场上各企业之间的竞争越来越激烈，餐饮企业要想在市场上保持竞争优势，就必须不断创新。另外，菜点创新设计可以提高餐饮企业在市场上的声誉和地位，并促进创新菜点的销售。从餐饮企业经营的角度来看，菜点创新是企业赖以生存和发展的基础，是企业生产经营系统的综合产出，企业的各种目标如市场占有率、利润等都依附于产品之上。

虽然对于菜点创新概念来说，有狭义和广义之分（狭义的仅指菜点，广义的还包括由劳务服务以及环境氛围等多种因素组成的有机整体），但不论餐饮消费需求中物质与精神的比例如何变化，餐饮企业生存的根基毋庸置疑还是狭义的菜点创新内涵。因为它是餐饮消费的初衷，其他所有含义建立在此基础之上才有意义。因此，菜点创新设计理所当然地成为餐饮企业经营的首要环节，也是本教材讨论的重点。

（三）菜点创新设计的类型

1. 完全的创新菜点

完全的创新菜点是指采用新技术、新原料、新设备等开发出来的，在市场上还没有可以与之比较的菜点创新。由于新技术、新原料、新设备的开发使用往往要经历一个较长的时期，这类菜点较为少见。这样的菜点虽然具有极强的竞争优势，但开发成本较高，耗费时间较长，而且由于菜点无专利保护，易于模仿，因此，完全的创新菜点的优势难以长久维持。

2. 改进的创新菜点

改进的创新菜点是指在原有菜点的基础上进行改良，部分采用新原理、新技术、新原料、新结构，例如在原料搭配、菜点口味以及色泽、形状和烹制工艺上进行改进，使菜点的色、香、味、形等有重大突破。改进的创新菜点具有投入少、收效快，且方便制作，能快速生产等特点。这是目前餐饮企业创新菜点设计的主体。新潮州菜、现代海派菜、新派鲁菜，以及各类菜点结合菜、中西结合菜、地方菜融合菜点等都属于此类。

续表

什么是菜点创新设计	**3. 仿制的创新菜点** 　　仿制的创新菜点是指根据外来菜点模仿制作的菜点,模仿时会进行局部的改进或创新。如我国各地推出原来没有的法国菜、日本料理、韩国烧烤等;川菜风行全国,很多地区引进川菜的一些菜点进行模仿,同时也会根据当地口味调整仿制菜点的麻、辣程度。如制作广东蒸鱼时添加青花椒,使这道仿制的创新菜点既有颜色、形态点缀,又增加了麻味感。

思考与解答

　　1. 在学习本任务知识后,你认为哪个知识点为重点?哪个知识点为难点?请列举出来。

　　2. 在学习并理解了本任务知识后,你认为接下来应该去学习和了解的知识是哪些?为什么?

　　3. 在学习并理解了本任务知识后,你认为对于今后的操作实践是否有帮助?具体有哪些实质性的作用?

考核标准

能力与评价

项目	知识理解程度与问题的回答	通用能力	小组互评	老师评价
标准分数	70	10	10	10
分数				
总分				

考核说明:

　　知识理解程度与问题的回答:对学生学习本任务知识的理解程度,与对本任务中提出问题的回答水平给予对应的分数。

　　通用能力:包括出勤(按时到岗、学习准备就绪),衣着,行为规范(自觉遵守纪律、有责任心和荣誉感),学习态度(积极主动、不怕困难、勇于探索),团队分工合作(能融入集体、愿意接受任务并积极完成)。实行扣分制,根据情况扣1～6分。

小组互评:值周小组对各小组任务完成的整体情况进行评价,按照优秀10分、良好8分、合格6分、不合格4分的标准进行打分,计入每个组员的成绩中。

老师评价:老师对各小组任务完成的整体情况进行评价,按照优秀10分、良好8分、合格6分、不合格4分的标准进行打分,计入每个组员的成绩中。

 学生成长日记

想写下的话

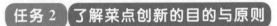

任务2 了解菜点创新的目的与原则

扫码看课件

自主学习任务单

自学内容、方法与建议	任务名称	了解菜点创新的目的与原则
	学习目标	1. 知识与技能目标 (1) 了解菜点创新的目的。 (2) 了解菜点创新的原则。 2. 过程与方法目标 (1) 通过对本任务内容的学习,掌握菜点创新的方向与目标,熟悉在菜点创新过程中需要遵守的规则。 (2) 增强学习能力,运用思考与实践,总结出经验与方法。 3. 道德情感与价值观目标 (1) 操作过程中精益求精,菜点质量力求完美,培养自己的工匠意识。 (2) 节约食材,不浪费,做到物尽其用。 (3) 学习过程中能够与其他同学紧密合作,及时沟通,提升自身团队合作意识。
	学习方法与建议	1. 充分学习学案,通过数字教学与书籍等资源学习相关知识。 2. 各组同学之间多沟通,发现自身问题与对方的问题,集思广益,解决问题。 3. 不到万不得已不向教师提问,尽量自行解决问题,锻炼自己的思维能力、逻辑能力与学习能力。 4. 多做多练多动脑。

自学内容、方法与建议	信息化环境要求	1. 拥有能够扫码与上网的智能手机或平板电脑。 2. 以班级为单位建立微信群，便于经验交流。 3. 至少邀请一名行业专家进入微信群，以便能够随时为群中的学生们提供帮助，及时做出评价。

学习任务	学习任务	学习内容与过程	学习方法建议与提示
学习任务	了解菜肴	阅读学案，学习相关知识。	找出并突破重点与难点，灵活思考，激发自己的创新灵感。
学习任务	分组自学	分组合作，寻找与观看相关知识的其他书籍与网络学习资源，自行提炼知识，总结学习经验，完成学习目标。	充分利用好网络资源，通过分组合作的方式，汲取更多的知识并整合。
学习任务	整合与反馈	将搜集整合好的知识点写在学习心得中，填写本教材提出的问题，完成学习目标。	总结经验，互相交流，运用最有效率的学习方法完成学习任务，思考如何将所学与理解的理论知识运用到未来的实践中，做到知行合一。

练习与检测	自行思考、交流、练习，遇到难点先不要问老师，要学会自主地去解决问题，解决不了的问题标记出来，在课堂实践中提问并讨论，大家一起在老师的帮助下解决问题。

交流与反馈	同学们，完成学习任务的过程中你有没有遇到困难呢？如果有的话，可以在烹饪专业微信群里进行交流，也可以给学长留言。 每个人遇到的问题都会有所不同，大家可以互相帮助，说出你的见解。对于认真交流和反馈，或者积极帮助他人的同学，老师将记录下来进行日常考核加分。 可以把做得比较成功的案例相片发到朋友圈，同学们视其品相优劣给出自己的"赞"，集"赞"较多的小组给予加分。

自我评价	1. 是否认真完成学案中的内容？（如果做到认真完成，请给自己加上 20 分） 2. 是否独立思考与学习，完成学习任务？（每独立思考并完成一个任务后，请给自己加上 20 分） 3. 你有几次在线反馈交流呢？（每次在线反馈交流后请给自己加上 5 分） 4. 对于微信群中其他同学提出的问题，你帮助解答了几次呢？（每解答一次请给自己加上 8 分） 5. 你集到的"赞"的数量。（1 个"赞"加 1 分） 你得到的总分为 _____

菜点创新设计的目的

（一）从市场角度来看

1. 增加原有菜点品种，满足经营需求

如果经营的菜点总是不经过研发而保持原状，会使顾客数量逐渐减少，不断增加与更新菜点品种，可以吸引更多消费类型的顾客，扩大经营对象的消费维度，从而增加经营收入，满足经济需求。

2. 提高老顾客的回头率，提升企业品牌形象

对于老顾客而言，优质菜点的不断推陈出新会增加其消费欲望，并会使老顾客对餐饮企业的期待值有所提高，这也是一个成功餐饮企业技术实力的体现，从而可以提升餐饮企业品牌形象。

3. 锻炼与拓宽厨师创新思维，提升厨师烹饪技术

在菜点创新设计的过程中，餐饮企业厨师的技术会得到更多的提升。不断去钻研、探究新的烹饪技法与不同的菜点口味，会使厨师们的创新意识进一步提高，从而使餐饮企业的菜点生产技术水平得到整体提升。

4. 根据社会市场需求变化，平衡菜点制作的成本

可以根据当前市场各种原料的成本、不同食客的爱好与市场的流行趋势改变菜点的品种与味型，从而使菜点在降低成本的前提下更加迎合当前餐饮市场的需求变化。

（二）从饮食文化的传承角度来看

1. 为中华烹饪技艺输入新鲜血液

餐饮人在菜点创新设计的过程中，不断地思考、不断地探究、不断地实验、不断地总结，再经过市场的考验，产生了众多风味的新菜点。这个过程其实就是为中华烹饪体系输入新鲜血液的过程，而且会使我国烹饪的技术与知识内容更加丰富多彩。

2. 使中华饮食文化得到发展与传承

任何文化的发展与传承，都需要从业人员在传统文化的基础上，融合与时俱进的各种元素，不断进行研究与创新。餐饮人不断研发与创新菜点，对于中华饮食文化产生了无形的推力，使中华饮食文化形成了思想更加自由、维度更加广阔、百花齐放、百家争鸣的新局面。

菜点创新设计的原则

（一）食用为先

作为创新菜点，首先应具有适合大众口味的特性。只有食客感觉喜食，而且越发喜食，这道创新菜点才有生命力。如果一味追求盘饰，或是一味追求新食材，而忽略"食用"本身，这道菜点自然也不会有太强的生命力。设计制作创新菜点，从选料、配比到烹饪的整个过程，都要考虑菜点的可食性，以适应顾客的口味为宗旨。创新菜点的原料不需要多高档或是多珍稀，烹饪工艺过程也不追求复杂烦琐，最需要的反而是在"食"用性强的前提下，尽可能做到色、香、味等感官性状俱全。可食性是菜点内在的主要特点。作为创新菜点，首先应具有食用的特性，只有使食客感到好吃，有食用价值，且有持久的吸引力的菜点，才会有生命力。有的创新菜点制成后，分量较少，人们无法分食；有的菜点看起来很好看，食用的感觉不好；有的菜点原料珍贵，价格不菲，但烹饪后未必好吃。食客不喜欢的创新菜点，就谈不上它的真正价值。

续表

菜点创新设计的原则	（二）注重卫生营养 　　卫生营养是菜点最基本的要求，对于创新菜点更是应该优先考虑。创新菜点必须是卫生的、有营养的。一个菜点仅仅是好吃而对健康无益，是没有生命力的。如今，饮食营养均衡的观点已经深入人心。当设计创新菜点时，应充分利用营养配餐原则与形式美法则，把创新设计成功的健康菜点作为吸引顾客的手段。 　　（三）研究市场 　　在创新菜点的酝酿、研制阶段，要研究当前食客们的兴趣与喜好。研制古代菜、乡土菜，要符合现代人的饮食需求；传统菜的翻新、民间菜的推出，要考虑到目标顾客的需要。在开发创新菜点时，也要从餐饮发展趋势、菜点消费走向上做文章。我们要准确分析、预测未来饮食潮流，做好相应的开发工作，这要求餐饮工作者时刻研究消费者的价值观念、消费观念的变化趋势，去设计、创造、引导餐饮消费。 　　（四）适应大众 　　一个创新菜点的推出，要求必须适应广大顾客的需求。大众化需求是永恒的，所以为大多数消费者服务是菜点创新的方向。菜点创新设计要坚持以大众化原料为基础。过于高档的菜点，由于曲高和寡，不具有普遍性，所以食用者较少。因此，创新菜点的推广要立足于一些价廉物美的易取原料，让广大老百姓能够接受。我国的国画大师徐悲鸿就曾说过，一个厨师能把山珍海味做得好吃，并不是太难，要是能把青菜、萝卜做得好吃，那才是有真本领的厨师。 　　（五）易于操作 　　创新菜点的烹饪应简单易于操作，尽量减少工时耗费。在当代餐饮市场中，人们发现菜点经过过于繁复的工序、长时间的手工处理或加热处理后，营养卫生将大打折扣。年代久远的菜点，由于与现代社会节奏不相适应，有些已被人们淘汰，有些经改良后逐步简化。 　　（六）反对浮躁 　　从近几年各地烹饪大赛中推出的创新菜点来看，每次大赛都会或多或少产生一些构思独特、味美形好的佳肴。但也经常发现一些创新菜点浮躁现象严重，特别是出现一些不遵循烹饪规律，违背烹饪原理的现象，如把炒好的热菜放在冰凉的琼脂冻上、把油炸的鱼块再放入水中煮等类似的操作。浮躁之风的另一种表现，即是把功夫和精力放在菜点的装饰上，而不对菜点下苦功夫钻研，如一款"五彩鱼米"，厨师将精力放在菜点装饰的雕刻上，而"鱼米"的光泽、刀工实在是技术平平。装饰固然需要，但主次必须明确。因此，菜点创新设计中，急功近利的浮躁之风不可长，而应该脚踏实地地把每一道菜点做好。

思考与解答

1. 在学习本任务知识后，你认为哪个知识点为重点？哪个知识点为难点？请列举出来。

2．在学习并理解了本任务知识后，你认为接下来应该去学习和了解的知识是哪些？为什么？

3．在学习并理解了本任务知识后，你认为对于今后的操作实践是否有帮助？具体有哪些实质性的作用？

 **考核标准**

能 力 与 评 价

项目	知识理解程度与问题的回答	通用能力	小组互评	老师评价
标准分数	70	10	10	10
分数				
总分				

考核说明：

知识理解程度与问题的回答：对学生学习本任务知识的理解程度，与对本任务中提出问题的回答水平给予对应的分数。

通用能力：包括出勤（按时到岗、学习准备就绪），衣着，行为规范（自觉遵守纪律、有责任心和荣誉感），学习态度（积极主动、不怕困难、勇于探索），团队分工合作（能融入集体、愿意接受任务并积极完成）。实行扣分制，根据情况扣1～6分。

小组互评：值周小组对各小组任务完成的整体情况进行评价，按照优秀10分、良好8分、合格6分、不合格4分的标准进行打分，计入每个组员的成绩中。

老师评价：老师对各小组任务完成的整体情况进行评价，按照优秀10分、良好8分、合格6分、不合格4分的标准进行打分，计入每个组员的成绩中。

学生成长日记

想写下的话

任务 3　了解菜点创新的步骤与方法

扫码看课件

自主学习任务单

	任务名称	了解菜点创新的步骤与方法	
自学内容、方法与建议	学习目标	1. 知识与技能目标 （1）了解菜点创新的步骤。 （2）了解菜点创新的方法。 2. 过程与方法目标 （1）通过对本任务内容的学习,掌握菜点创新的具体实施流程、方法与手段。 （2）增强学习能力,运用思考与实践,总结出经验与方法。 3. 道德情感与价值观目标 （1）操作过程中精益求精,菜点质量力求完美,培养自己的工匠意识。 （2）节约食材,不浪费,做到物尽其用。 （3）学习过程中能够与其他同学紧密合作,及时沟通,提升自身团队合作意识。	
	学习方法与建议	1. 充分学习学案,通过数字教学与书籍等资源学习相关知识。 2. 各组同学之间多沟通,发现自身问题与对方的问题,集思广益,解决问题。 3. 不到万不得已不向教师提问,尽量自行解决问题,锻炼自己的思维能力、逻辑能力与学习能力。 4. 多做多练多动脑。	
	信息化环境要求	1. 拥有能够扫码与上网的智能手机或平板电脑。 2. 以班级为单位建立微信群,便于经验交流。 3. 至少邀请一名行业专家进入微信群,以便能够随时为群中的学生们提供帮助,及时做出评价。	
学习任务	学习任务	学习内容与过程	学习方法建议与提示
	了解菜肴	阅读学案,学习相关知识。	找出并突破重点与难点,灵活思考,激发自己的创新灵感。
	分组自学	分组合作,寻找与观看相关知识的其他书籍与网络学习资源,自行提炼知识,总结学习经验,完成学习目标。	充分利用好网络资源,通过分组合作的方式,汲取更多的知识并整合。
	整合与反馈	将搜集整合好的知识点写在学习心得中,填写本教材提出的问题,完成学习目标。	总结经验,互相交流,运用最有效率的学习方法完成学习任务,思考如何将所学与理解的理论知识运用到未来的实践中,做到知行合一。

续表

练习与检测	自行思考、交流、练习,遇到难点先不要问老师,要学会自主地去解决问题,解决不了的问题标记出来,在课堂实践中提问并讨论,大家一起在老师的帮助下解决问题。
交流与反馈	同学们,完成学习任务的过程中你有没有遇到困难呢? 如果有的话,可以在烹饪专业微信群里进行交流,也可以给学长留言。 　　每个人遇到的问题都会有所不同,大家可以互相帮助,说出你的见解。对于认真交流和反馈,或者积极帮助他人的同学,老师将记录下来进行日常考核加分。 　　可以把做得比较成功的案例相片发到朋友圈,同学们视其品相优劣给出自己的"赞",集"赞"较多的小组给予加分。
自我评价	1. 是否认真完成学案中的内容?(如果做到认真完成,请给自己加上 20 分) 　　2. 是否独立思考与学习,完成学习任务?(每独立思考并完成一个任务后,请给自己加上 20 分) 　　3. 你有几次在线反馈交流呢?(每次在线反馈交流后请给自己加上 5 分) 　　4. 对于微信群中其他同学提出的问题,你帮助解答了几次呢?(每解答一次请给自己加上 8 分) 　　5. 你集到的"赞"的数量。(1 个"赞"加 1 分) 　　你得到的总分为＿＿＿＿＿＿＿＿＿＿＿＿＿＿＿＿

自学学案

菜点创新设计的步骤	**(一)制订目标方案** 　　在设计创新菜点之前,一定要了解创新设计这道菜点的目的,要具有一定的产品价值,要符合当前所处餐饮市场的要求,要了解食客的喜好与习惯,制订出菜点的风格、味型等,做到有的放矢。 **(二)制作与实验** 　　在确定创新菜点所需赋予的菜点风格后,经过反复的实验,制作出能够令餐饮人满意的创新菜点,并配合装饰、命名等手段,赋予其灵魂。 **(三)市场调研与考验** 　　将创新的菜点投入市场中进行考验,经过市场调研,总结得出菜点在市场中的表现数据。 **(四)不断改进** 　　在菜点经过市场的调研与考验后,根据反馈的数据对菜点进行改良,这个步骤可以是永不间断的,通过不断地改进,才可以最终将创新的菜点确定为一道成功的创新菜点。 　　菜点创新设计要素体系包括烹饪工艺三要素、菜点属性、形式美法则等。烹饪工艺三要素包括原料、工具、技法,是制作和创新设计菜点的必备要素。菜点属性包括菜点的卫生、营养、味道、口感、香气、颜色、形态、器皿,是制作和创新设计菜点所呈现的基本属性。形式美法则包括均齐与渐次、对称与平衡、对比与调和、比例与节奏、多样统一。多样统一是制作与创新设计菜点过程以及制成菜点所呈现的属性要遵循的美学规律。菜点创新设计要素体系如图 1-0-3-1所示。

续表

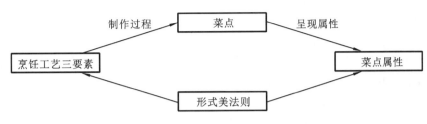

图 1-0-3-1　菜点创新设计要素体系

（一）基于烹饪工艺三要素的菜点创新设计方法

从原料到菜点成品需要使用工具（设备）、施展技艺才能达到目的，原料、工具、技法是烹饪工艺的三大基本要素，即烹饪什么、用什么工具烹饪、怎样烹饪这三个基本要素。基于此，菜点创新设计要从这三个方面入手。

1. 原料

原料是指供菜点创新设计所应用的一切可食性物质材料。它是创新菜点加工的物质基础，一切菜点创新设计活动都是以烹饪原料为加工对象展开的。原料是烹饪工艺的第一要素。

对烹饪原料进行分类，有助于系统地认识烹饪原料、掌握烹饪原料与烹饪技法之间存在的内在联系；有助于系统全面地指导烹饪工作者合理地利用烹饪原料；有助于提高现代的烹饪技术和开发新的烹饪原料。对烹饪原料的分类，是在科学性原则和实用性原则下展开的。常见的分类方法有以下几种：按原料在烹饪应用中的地位分类，可分为主料、配料（辅料）、调味料、陪衬材料等；按原料加工与否分类，可分为鲜活原料、干制原料、复制原料等；按商品学分类，可分为粮食类、肉品类、水产品类、蛋乳类、蔬菜类、果品类、食用油脂、调味料、香辛料与添加剂等。每种分类方法的出发点不同，优缺点各异。按商品学分类，各类原料的共性较为明确，且易于将商品流通与烹饪应用有机结合起来。

变换不同原料，就可以改变菜点的属性，如"鱼香肉丝"用茄子代替肉丝，就变成了"鱼香茄子"，用鸡蛋代替肉丝，则变成了"鱼香鸡蛋"；"锅包肉"用猴头菇代替猪肉，就变成了"锅包猴头菇"，用冬瓜代替猪肉，则变成了"锅包冬瓜"。

2. 工具

工具是指供餐饮加工制作菜点所应用的一切器具和设备。烹饪工具是烹饪工艺的第二要素。

中国的烹饪工具种类齐全、组合复杂、功能完备。按照不同的划分依据和标准，可将中国的烹饪工具划分成不同种类。按加工原料颜色特点分类，可分为红案工具与白案工具，红案工具具体包括刀、砧、锅、炉、勺、盘、碗等；白案工具具体包括筛、案、杖、铛、烤箱、蒸箱等。

按功能将工具分类，可分为加热熟制工具、加工成型工具、盛器、辅助工具等，其囊括的具体种类包罗万象、品种繁多。

应用新工具、新设备同样也可改变菜点的属性。如利用物理作用和化学作用的分子料理制作方式，运用超高压设备、空气炸锅等设备可以制作创新菜点。在中、西餐烹饪中，有部分创新菜点就利用了特殊的工具，如针管、滴管、干冰机、造雾机等。

3. 技法

技法是指以烹饪加工过程为主要研究内容，包括烹饪原料的初加工、切配、调味、加热制熟，直到制成菜点的各个环节工艺，涉及相关基础理论和基本知识。烹饪技法是烹饪工艺的第三要素。

菜点创新设计的方法

原料、工具和技法是烹饪工艺的三大基本要素。烹饪原料是烹饪生存与发展的物质基础，是施展技艺的素材；烹饪工具是烹饪技艺得以不断发展的重要的设备基础；烹饪技法是人们利用烹饪原料，通过烹饪工具来实现烹饪目的的主要手段。随着烹饪原料的广泛开发以及烹饪工具的不断改进，烹饪技法发生了巨大的变革，并在不断地丰富。三者相互联系，不断改进和发展。在近代烹饪时期，随着生产力的发展，科学技术水平的提高，烹饪工具朝着电气化方向发展，如电磁炉、微波炉的出现以及磨粉、蒸、煮、烤设备大型化等。有些手工工艺技法被烹饪器械等所取代，烹饪技法越来越科学化和现代化。

就菜点加工的烹饪技法而言，可分为原料加工、干制原料涨发、挂糊上浆、勾芡、制汤、加热烹制、调味等操作；就烹饪技法的传热介质而言，可分为水传热、油传热、固体传热、蒸汽传热、热辐射传热。每种传热方法各具特点，除蒸汽传热外，都含有不同的烹饪技法。

水作为传热介质具有比热大、导热性能好，不会产生有害物质，对原料本身风味不会产生不利的影响，价格低廉的特点。但其会造成原料一部分营养成分的流失，不利于菜点的色泽呈现，达不到较高温度。以水为传热介质的烹饪技法有炖、煮、卤、汆、涮、烩、焖等。油脂也是常见的传热介质，其发烟点高、传热性能好，具有干燥性和保香性，加热均匀，有利于菜点色泽、香气的形成及品质的提高，有利于提高菜点的消化吸收率。炸、爆、熘、烹、烧等烹饪技法属于这一类。以蒸汽为传热介质的烹饪技法具有润湿性、保原性和卫生性，营养成分损失少，加热均匀迅速等特点，以蒸汽为传热介质的烹饪技法，只有蒸。固体（铁锅、盐、泥等）直接传热在烹饪技法中也有重要位置，它具有能使原料受热迅速、营养成分损失小等特点，这类烹饪技法有贴、炒、煎等。利用热辐射传热，传热速度快，原料表皮易呈色，具有保原性，此类烹饪技法有焙烤、微波加工。

利用烹饪技法之间的转变或将烹饪技法加以创新，可以设计出众多新颖的菜点。例如用川菜水煮的方式来烹制得莫利炖鱼，将浓郁的鱼鲜与酱香保留，融入了川菜中水煮制法的轻快与独特的味型，创制出的新菜点兼具多种美味的元素，从而能够受到更多顾客的青睐。

（二）基于菜点属性的创新设计方法

以菜点属性为创新手段形成的菜点，其"质美"，即营养卫生；"感觉美"，即"味美""触美""嗅美""色美""形美"等感观状态；加之承载菜点器皿的"器美"，即菜点与其盛装之器的搭配方面呈现出来的美，构成了人们对菜点属性的审美需求标准，是菜点创新设计必须考量的。以菜点属性为创新点，与烹饪加工三要素有机结合，可以对菜点进行创新设计。

1. 质美

质美是指食品良好的营养与卫生状态所呈现出来的功能之美、品质之美。首先，从人类的饮食活动的实质来看，其饮食的初衷就是摄取蛋白质、脂肪、糖类、维生素、矿物质、水六大营养素，与人体形成"动态平衡"，满足维持正常的生理功能、促进生长发育、保持人体健康的生理需要。其次，从质美与饮食感官美的关系来看，作为食品三要素的食品营养、食品卫生及其感官性状之间是相互联系、互为因果的。食品良好的感官美和卫生有利于人体对营养成分的吸收；而人们在追求营养和感官美的同时，食品本身也应对人体安全无害。因此，食品原料的质美既是各种营养成分的物质载体，又是构成菜点味美、触美、嗅美、色美、形美的基础。换句话说，离开质美，饮食美就会变成无源之水、无本之木。

质美是饮食美的功能美部分，以食品原料和菜点的营养丰富、质地精粹贯穿于饮食活动的始终，是饮食美的前提和根本目的。按照餐饮生产的流程，饮食质美以三大步骤的成功实施为基础而实现。首先，在食物购料选料阶段，正如"大抵一席佳肴，司厨之功功居其六，买办之功功居其四"所言，由于食物原料本身的质美是美食创造的先决条件，餐饮生产者应坚持"资禀为据，

续表

择优选材",保证食物原料本身没有受到任何生物性和化学性污染、没有发生腐败变质现象、富含营养成分、不存在任何威胁人体健康的有害因素。很难想象,一些发霉变质的原料能烹制出营养丰富、美味可口的菜点。然后,在菜点加工生产过程中,在保证生产环境、生产条件和生产人员都符合卫生要求的基础上,以食物原料天然特性为依据,明了原料成熟过程中可能发生的化学、物理变化,根据菜点制作最终要实现的目标,通过相应的烹饪技法——配料"相物而施"、火候"以无过不及为中"为纲、调味"取其长而去其弊"等,保证菜点既符合现代营养学、传统的"养助益充""医食同源""食疗养生"等营养理论的要求,又具备引人愉悦、诱人食欲的审美感观。如对于时鲜菜蔬的烹制,除特殊目的之外,一般都采用凉拌、焯水、急火快炒的方法,这样既能使其维生素的损失相对降低,又能保持其天然的鲜嫩色泽与形态。再如,在菜点造型过程中,时间不宜过长,手段不宜烦琐,否则即使最终菜点形式再美,也由于对其营养与卫生的严重破坏而失去意义。最后,对于工业食品这类饮食产品来说,其保鲜存放的阶段也是我们不可忽视的重要一环,应严格按照相应的存放条件、时限的要求进行,否则会使前面步骤在质美创造上的努力功亏一篑。

2. 味美

味美是指在进食的过程中菜点作用于舌苔乳头、味蕾以纯正的食物本味及其组合形成的千变万化的复合味所呈现出来的味觉美。众所周知,中国烹饪王国的美称与菜点的口味众多、精粹之极是分不开的。我们参加宴会时,虽然开始不免为菜点的色彩、形状、香气所吸引,但菜点是否是真正的美食,还要看味觉是否有美感。尤其对于历来就重视"以味媚人"、强调"食以味为先"的中国,菜点的形式美若放弃或脱离了味觉上的美感,成为色彩艳丽、形态动人、香气扑鼻,但味觉差劲的东西,严格来说就不能称其为美食,不能称其为中国烹饪艺术。因此,有人说过"调味是中国烹饪技术的核心",那么味美也就成了中国饮食美当之无愧的焦点。

味的种类大致可分为单一味和复合味。针对不同的饮食主体,其内涵有所差异。就单一味而言,在中国习惯分为酸、甜、苦、辣、咸五味,在日本则为酸、甜、苦、辣、咸、鲜六味,欧美国家则是酸、甜、苦、咸、金属味、碱味六味说,在印度却为酸、甜、咸、涩、辣、淡、不正常味八味。而复合味即是以其中一味为主味,两种或两种以上的单一味的有机组合。常见的有鲜咸味、酸甜味、甜辣味、甜咸味、香辣味、香咸味、麻辣味、怪味等。其特点是变化多样、回味无穷。

味美不仅要求以自然科学为依据,通过正确应用各种调味料施以不同调味手段,使原料提鲜、增香、除异味而形成纯正的单一味和复合味,而且要求在各种味的有机组合过程中,符合美学规律,即本味、调味、适口、合时。本味是指按照烹饪技术要求调味,以保证原料本味特色,即满足"一物有一物之味不可混而同之"的要求,"使一物各献一性,一碗各成一味"。此种味美在于原料本身,讲求本色美,注重自然、清新。调味是指根据原料的性质因材施"调",通过"隐恶扬善",达到饮食的最佳本味。所谓"隐恶",主要通过涤除、压盖和化解三种烹调方法去掉食物原料本身的异味、邪味。如动物内脏的腥臊,大多用反复清洗、筋瓣剔除的方法去除异味;羊肉、鱼肉的腥臊,可用辛香料的使用压盖。所谓"扬善",主要通过烘托和改进两种烹饪方法将食物原料内在固有的美味充分发挥出来。如在梅菜扣肉制作过程中,经过长时间蒸煮,油润的五花肉吸收了梅菜的干香、梅菜吸收了五花肉多余的油脂,而使得五花肉清香却不油腻,梅菜润软而适口。总体来说,就是利用烹饪技法的作用和调味料的化学性质使原料与原料、调料和调料以及原料与调料多者之间"交互见功",达到"和合之妙"的效应,这也是中国菜点能做到"一菜百做""百菜百味"的根本所在。适口是指菜点在味觉方面给人带来的主观感受,具体菜点的口味应因人、因时、因事,相宜调味。所谓"食无定味,适口者珍"。合时是指饮食要结合季节的变化,因时

菜点创新设计的方法

调味,所谓"凡和,春多酸,夏多苦,秋多辛,冬多咸。调以滑甘。冬,水气也。荠,甘味也。乘于水气而美者,甘胜寒也。夏,火气也。芥,苦味也。乘于火气而成者,苦胜暑也。故荠以冬美,而芥以夏成",其将人的饮食调和与自然界联系起来加以"统筹"安排,以保证人与自然的和谐。

3. 触美(口感美)

触美是指菜点在进食的过程中物质组织结构性能作用于口腔所呈现出的口感美。正如《后汉书·蔡邕传》"含甘吮滋"中"甘"意为味道、"滋"意为触美。触美在饮食美中的作用仅次于味美,两者的共同点是作用于口腔,而不同点是味美是化学味,触美则是物理味。"饮食之道,所尚在质"是中国饮食古来有之的又一审美标准。如《海蜇》诗"海气冻凝红玉脆"中的"冻"与"脆",《蹲鸱》诗"玉脂如肪粉且柔"中的"粉"与"柔"都是对适意质美的咏赞。中国菜点成千上万,任何一份菜点都有它特定的"质"的要求。如"油爆双脆"要求质"脆","冰糖湘莲"要求质"糯",东坡肉要求质"酥烂",雪山驼掌要求质"爽"等,达到要求方能体现出菜点的特色,否则再好的调味也是枉然。

菜点触美大体可分为以下三种:由温度引起的凉、冷、温、热、烫的感觉,即温觉感;由舌的主动触觉和咽喉的被动触觉对刺激的反应,即触压感,包括大小、厚薄、长短、粗细以及清爽、厚实、柔韧、细腻、松脆等;由牙齿主动咀嚼引起的动觉感,它是触美的主要来源,具体分为嫩、脆、酥、爽、软、烂、柔、滑、松、黏、硬、泡、绵、韧等单一触感和脆嫩、软嫩、滑嫩、酥脆、爽脆、酥烂、软烂等复合触感。这里的复合触感除了有其构成各单一咀嚼触感的整合触感之外,还必须与温觉感、触压感相协调,才能构成饮食菜点触美的全面审美享受。此外,触美既要在每个菜点中充分体现,又要在筵席中有规则地分布。

菜点触美的实现主要取决于菜点生产过程中的选料、配料、烹饪技法、火候和刀工的技艺水平,其中犹以烹调技法、油温、火候掌握正确,出锅及时较为关键。中国烹饪中"多用鲜活、少用陈腐;多用鲜嫩,少用老硬的选料原则;食不厌精,脍不厌细的刀工;酥烂脱骨而不失其形,滑酥爽脆而不失其味的火工;还有挂糊、上浆、拍粉、勾芡以及多种多样的烹饪法"都是长期经验的总结。凡选料不精粹、刀工不细腻、规格不整齐、烹饪技法不得当、上菜温感不足的菜点均视为质地不佳。

4. 嗅美

嗅美是指菜点以香气刺激人的鼻腔上部嗅觉细胞所呈现出的嗅觉美。正如袁枚所言"佳肴到目到鼻,色臭便有不同……其芬芳之气,扑鼻而来。未必齿决之、舌尝之而后知其妙也",作为嗅觉器官的鼻子,可以单独起到欣赏菜点美的作用——不仅本身是一种审美活动,更是正式品尝菜点的重要前奏。精烹菜点各异,其香味也不尽相同,随着菜点香气逸出,引起人的情感冲动和思维联想,使人进入菜点品尝性审美的前状态,进而引起人们的食欲,起到"先声夺人"的作用。

根据分类标准的不同,嗅美的分类主要有两种。第一种分类根据香味的来源,将菜点嗅美分为天然香与烹调香。天然香是指菜点原料天然呈现或经成熟而挥发出的香味,如肉香、谷香、蔬香、花香、果香等;而烹调香是指在烹调过程中加入调味料,并对火候、时间等因素进行控制,而形成的菜点特殊香味。如炸以酥香引人、爆以浓香诱人、焖以鲜香招人、拌以清香袭人、烤以焦香迷人、炒以芳香惹人、糟以酒香醉人。第二种分类根据香味本身的差异区分,主要包括浓香(如红烧肉、烤乳猪之嗅美)、清香(如清蒸整鸡、纯炖芥菜之嗅美)、芳香(如松子肉、五香葱油鸭之嗅美)、醇香(如醉虾、糟鸡之嗅美)、异香(如佛跳墙、臭豆腐之嗅美)、鲜香(如炒鱼片、清炒莴苣之嗅美)、甘香(如甜烧白之嗅美)、幽香(如各色以花为料的菜肴之嗅美)、干香(如卤鸡、熏鹅、酱鸭等卤制、熏酱菜之嗅美)等。

菜点创新设计的方法

续表

正如《吕氏春秋·本味》中"夫三群之虫，水居者腥，肉玃者臊，草食者膻。恶臭犹美，皆有所以。凡味之本，水最为始。五味三材，九沸九变，火之为纪。时疾时徐，灭腥去臊除膻，必以其胜，无失其理"，绝大多数食物需要经过科学、合理的烹饪才能呈现香气怡人的状态，其具体方法为"内发"和"外铄"两种。内发就是通过某种烹饪方法充分发挥食物原料内在固有的好味。如蔬菜、肉食、水产品等在生冷时多半没有香味，有的甚至有腥恶味，但通过加热其潜在的香味便会溢出。加热的方法又有文火缓释和武火猛攻两种。前一种通过小火慢炖、慢煨，使食物充分烂熟，其香味浓郁、醇正；后一种通过大火急攻快速激发食物香味，其香味或鲜或酥或焦。外铄是对那些本身不带香味，甚至有异味的食物原料进行外在的加工，调制香味，掩盖、压制、去除异味。一般来说，其主要方法是加入调料和香料或有香味的气体、液体熏染，使其呈现让人陶醉、诱人食欲的嗅美。

5. 色美

色美是指菜点在其主辅料通过烹饪和调味后显示出来的色泽以及主料、辅料、汤料相互之间的配色方面呈现出来的视觉美。所谓"远看色，近看形"，在餐桌上，赏心悦目的颜色通常是使人愉悦的先导，引人产生美好的情感，给人以美的享受，进而增强人的食欲。一般来说，红色、橙色、黄色最能使视觉处于舒适状态，称之为暖色；而蓝色、青色使视觉处于紧张状态，称之为冷色。相对于冷色而言，暖色更易于让人接受，如红色能给人以强烈的香甜感，黄色能给人以软嫩、清新感，绿色能给人以鲜嫩、淡雅感，而褐色则能给人以芳香、浓郁感。颜色的变化往往左右就餐者的情绪，因此，色美是构成饮食形式美的首要因素。

具体而言，由于色彩是由其色相（即色彩名，如红、黄、蓝）、明度（即色彩的明暗度）、纯度（即色彩的饱和度）三要素构成的，追求色美必须依据形式美法则，通过对菜点色彩的调配和色调的处理，合理地进行色彩搭配。这样所制成的菜点自然纯真，不带半点的矫饰之态，但又显得华贵夺人，招人喜爱。从实用的角度来说，也符合卫生原则，有利于本味的发挥，制作也十分方便，是菜点正宗的色彩。

菜点色彩的调配是显示拼盘主题内容，决定色彩效果的一个重要环节。在色彩调配方面应注意以下几点：①调和色的配合。同一种色相或类似的色相所配合的色彩，是比较容易调和统一的，具有朴素、明朗的感觉。如"口蘑扒油菜"，浅黄色的口蘑和青绿色的油菜相配，不但口味相合，而且色彩相近，色调统一。②对比色的配合。运用对比色，可以使菜点有愉快、热烈的气氛。对比色的配置，必须抓住主要矛盾，即在运用对比色时，色彩的面积可以不相等，要把主要的颜色作为统治菜点的主色，次要的颜色作为衬托。如"芙蓉鸡片"，取红绿原料相配，衬以白色，非常醒目。③同类色的配合。同类色即色相性质相同的颜色，如朱红、火红、橘红，或一种颜色的深、中、浅的明度。如"糟熘三白"用的鸡片、鱼片、笋片，色泽近似，鲜亮明洁。

菜点的色调是色彩总的倾向性，它是统治菜点的主要色彩，其对菜点的色彩起统帅和主导作用。菜点色调除以上提到的从色性上分成暖调、冷调，从色度上还可分为亮调、暗调、中间调。色彩具有冷与暖、膨胀与收缩、前抢与后退的感觉，不同色调有不同的感情色彩。表现热烈、喜庆、兴奋的色调，总是以红色、黄色等暖色为主调。如喜庆宴席中，常以暖色调的菜点为主，色彩灿烂的菜点造成一种热烈的节奏和欢快、喜庆的气氛。而绿色、青色、紫色等冷色常作为清秀、淡雅、柔和、宁静的色调，色彩素雅洁净的菜点给宴席带来宁静优雅、和谐舒服的气氛。而亮调与暗调是食物原料的色彩鲜明状况设计的关键。在设计亮调或暗调时要相互点缀。亮调中要有暗色的点缀，暗调中要有亮色的点缀，这样才能有生动、悦目的效果。如菜点"雪丽大蟹""爆乌鱼花""浮油鸡片"等，色调明亮，辅以少量的红色、绿色、黑色等深色配料点缀，使菜点色调给人以纯洁中透出绚丽的美感。

6. 形美

形美是指菜点在其主、辅料成熟后的外表状态,是菜点造型、图案和内在结构的方面呈现出来的视觉美。虽然饮食是以食用为目的,饮食艺术是以味美为主旋律的艺术,但它也需要有具体的外在形态为依据,来表现其题材和内容。其中尤以冷菜造型为典型,由其形象造型所昭示的筵席主题,以及所隐喻的象征意义,立刻能把人们宴饮前散乱纷杂的心绪引导到特定的宴饮场景中来,诱发人们的饮食审美想象和情趣,渲染宴饮的气氛,带着人们步入宴饮佳境。而且菜点形美在很大程度上表现的是造型艺术的特征而成为菜点本身最具表现力和艺术性的部分,加之"其食用为先"的宗旨,使其成为一种不仅能被视觉,还能被嗅觉、触觉所感受的综合艺术,因此形美也是中国饮食历来关注的焦点,在饮食美中具有特殊的魅力。

菜点形态之美具体可分为以下三种:①自然形态。保留原料本身的原始形态,只需与特定的餐具配合,放正放稳,尽可能显示出形体的特点。如"干烧岩鲤""片皮乳猪"等,其形象完整饱满,充分把握利用这些自然形态,体现原料本身的固有面貌,少雕琢之气,多自然之趣,给人天真可爱之美,产生一种充满欣喜的生活情感。②几何形态。属于有规律的组合形态,常适合于餐具的造型,构成圆形、椭圆形、扇形、半圆形、方形、梯形、锥形或多种形状的综合,且常常运用中心对称和轴对称的表现手法。有时也采用重点点缀和均衡的表现手法,给人以简洁、明快、大方的美感。③象形形态。其绘画性和雕塑性强,常见的有模拟动物、花卉、建筑等。如有的面点捏成小鸡、小鸭、金鱼、荷花等形状,有的冷盘拼成蝴蝶、凤凰、孔雀、亭、台、楼等,有的菜点雕刻成牡丹、月季、兰花、宫灯等,取形要求美观、大方、吉利、高雅,给人一种逼真的惊奇和喜悦感,是菜点造型艺术中难度最高的一种。

菜点造型不是纯粹的艺术品的创造,具有其特定的造型原则——以食用性为基础,以技术性和艺术性为提升。在菜点造型艺术中,实用性即"食用性",也就是说,一切形式和内容都要围绕食用这个中心,组成这些艺术形象的原料必须是可食的、味美的,制作工艺必须是合理的,从而使烹饪艺术造型取得最佳的食用效果。美术是手段,食用是目的,关系不可颠倒。否则,其造型再优美、色彩再华丽也无实际意义,因为它脱离了饮食存在的功能基础。而对于其技术性和艺术性来说,菜点之形美创造既不像绘画,可采用各种丰富的色彩颜料调配涂抹,也不像工艺雕刻,可采用各种材料随意凿琢。它必须选用各种可食的美味原料,塑造出形形色色的艺术姿态和精美图案。菜点的艺术造型大多采用鲜嫩的动、植物原料。为了保证质量和卫生,必须以较快的速度使用经过消毒的工具、模具进行处理,尽量减少手触食物。在制作中要求有严格的形象概念和娴熟的表现手法,抢时快制,形象塑造要力求简练概括。总之,现代人要求的饮食美,不是华而不实,菜物装饰的堆砌,也不是在细部上烦琐的造型,而是一种恰到好处的自然美、实在美。

7. 器美

器美是指菜点与其盛装之器的搭配方面呈现出来的美。古语曰:"美食不如美器",充分说明了器皿在饮食活动中亦有举足轻重的地位。中国饮食器具的发展,经过原始陶器阶段、青铜器阶段、漆器阶段,发展到瓷器阶段时代达到鼎盛。菜点器物种类繁多,主要有玉器、金银器、漆器、陶器、瓷器等;造型或清秀大方,或玲珑小巧,或庄重典雅,或富丽堂皇,或精雕细琢,或简洁凝练,或抽象,或象形,或寓意,可谓千姿百态;质地光泽或澄澈碧清,或类玉似冰,或温润光滑,或质地细薄,或浑厚朴拙,也称得上各有千秋,美不胜收;纹样和色彩装饰则更加争奇斗艳,优雅的青花、鲜艳的红釉、洁雅的白瓷、斑斓的开片、凝重的黑瓷乃至各种象形、几何图案,充分表现了其艺术性、文化性和装饰性价值,本身就是使人愉悦的审美对象。而且中国饮食还讲究"因食施器"——不同的食物,配不同的器具,从而既方便食用,又相互映衬、相得益彰。袁枚早就提出,在食与器的搭配时,"宜碗者碗,宜盘者盘,宜大者大,宜小者小,参错其间,方觉生色。""大抵物贵者器宜大,物贱者器宜小;煎炒宜盘,汤羹宜碗;煎炒宜铁铜,煨煮宜砂罐"。各式盛器参差陈设在席上,令人觉得更加美观舒适,可谓是对美食与美器关系的一个既精练又生动、既科学又辩证的概括。因此,器美一直是中国传统饮食美的一个重要方面。

饮食之美不是菜点美加上盛器美那种简单的加法关系。其完整的内涵应既是一菜一点与一碗一盘之间的和谐,也是一席肴馔与一席餐具饮器之间的和谐,一桌美食,菜的形态有丰整腴美的,有丁、丝、块、条、片及不规则的;菜的色泽有红、橙、黄、绿、青、蓝、紫等各种颜色,一旦与恰如其分的餐具相配合,高低错落,大小相同,形质协调,组合得当,美食与美器便能使审美主体有更完美的审美感受。因此,器皿在使用过程中也要遵循美的规律,具体应做到以下几个方面。

第一,饮食器皿之间的配合协调。作为饮食器皿的食器、酒具、茶具等,不但要达到它们之间造型风格上的统一,而且也要达到装饰风格上的统一。

第二,饮食器皿与菜点的配合协调。饮食器皿的大小与菜点的量相适应,使菜点入盘后,左右不出,前后不露。饮食器皿造型与菜点造型的配合应遵循适形造型的原则,应符合食者的视觉效果。饮食器皿的图案形式与菜点图案的配合应遵循变化统一的原则,既要适合食器的图案美,又要突出菜点的造型美。饮食器皿的色调与菜点色调的配合还应遵循对比调和的美学原则。

第三,饮食器皿与餐厅环境风格的配合协调。饮食器皿在使用时,应做到与餐厅家具陈设、室内装饰美学以及服务人员的服饰风格、进餐人员的审美修养相契合,达到与传统风格的一致性,或与现代风格的一致性。

(三) 基于形式美法则的菜点创新设计方法

菜点创新设计的目的是创造出比原有菜点更加受人们喜爱的美食。以上从烹饪工艺三要素与成品菜点的属性两个视角对菜点创新设计进行分析,符合创新设计要遵循的规律。即总体来说是在饮食美学的指导下进行,具体来说是在形式美法则指导下进行的。

饮食美包括自然美和艺术美。自然美侧重于形式美,即人们判断一个自然现象美不美,首先把注意力集中在它的形式,即形状、线条、质料、姿态、比例、对称性、色彩、声音等自然属性方面,而将其内容是否美,或者是否在内容与形式统一中显示美,摆到次要地位。在饮食美中,与菜点形式美相关的要素有质、味、触、香、色、形、器等。因此,在菜点创新设计时,应遵循形式美法则,即形式美的组合规律。形式美本身虽然具有一定的审美特性,但要构成一种独立自主的形式美,则有赖于某种合乎规律的组合,即形式美法则。这种组合规律可分为各部分之间的组合规律与总体组合规律两个方面。属于各部分之间的组合规律,主要有均齐与渐次、对称与均衡、对比与调和、比例与节奏;属于总体的组合规律,主要是多样统一。当人们看到某种形式时,会产生某种审美心理感受,从而获得某种美感。

1. 均齐与渐次

均齐(整齐)是形式美法则中最常见、最普通的一种,在多数人的审美经验中,这一法则最易掌握,应用也最为普遍。均齐是外表的一致性,是同一形状的数次重复。所谓一致,是指一个整体采用一种色彩或一种线条加以组合,同一形状的数次重复则是稍带活跃因素的一致,它可以使人感到整齐、朴素的美。例如蓝色天空、碧绿湖水的庄重、旷远和简洁,军人的队列组合,农作物的播种形式,布料和装饰纸的花纹,瓷盘边的花纹等都是这种反复,是均齐法则的具体体现。

在烹饪中,将原料做成大小一样、同一品种、同一形态摆放在盘中,均齐美也就体现出来了。

渐次是均齐的变形,是一种形式的逐渐变化。例如,由大而渐小,由深而渐浅,由强而渐弱,由薄而渐厚。与均齐相比,渐次克服了均齐单调乏味的弱点,而具有变化的整齐美。

2. 对称与均衡

对称是以一条线为中轴左右均等。这种对称可以是量上的对称,也可以是色彩、声音或形态各自对称;在形式上有左右对称、上下对称,也有三面对称和四面对称。对称能给人一种稳定、庄重之感,自然界的生物,特别是人都是对称的,建筑中广泛采用对称规律。

均衡和平衡是由对称进步而来,其左右并不相同,但能保持平均、无偏重之感。这里的左右不同,是分量上或形体上的不同,如天平上左右放同样的东西时是对称,而放的是不同形式的等量物就是均衡。因此,可以把均衡看作对称的某种变形。均衡比对称更灵活,富于变化、流动,所造成的气氛是静中有动,统一而不单调。中国菜的一物两做、一菜两吃的格局,就是在同一盘菜点中,有两种不同的烹饪方法,体现两种不同的装盘方式,中间常常用装饰原料作为分隔带,构成均衡。

3. 对比与调和

对比与调和是反映事物矛盾状况的组合方法,它通过对事物之间的矛盾性状的利用来达到组合的目的。对比是将两种事物差异中两类截然不同的性状相比较,如在形态上直与曲、方与圆、大与小、宽与窄、高与低、粗与细、凸与凹、棱与圆、长与短等;在色彩上,凡在七色轮上相对的两色,如红与绿、黄与紫、白与黑、蓝与橙等;在声音上,高音与低音、长音与短音等。

对比表现出急剧和强烈的变化,给人以鲜明、醒目、活泼、跳跃、变化的心理感受。烹饪中,常常用不同颜色和形态的两种原料并列在一起,形成强烈的对比。如"鱼丸烧油菜",鱼丸为白色,油菜为绿色,鱼丸为圆形,油菜为长形,促之有流动感。

调和是指把两个相近的事物组合在一起,二者相互间既有差异又趋向一体。凡七色轮上相邻的两色就是一对调和色,如红与橙、橙与黄、黄与绿、绿与蓝、蓝与青、青与紫、紫与红等。橙是红、黄两色调配而成,也就是橙色包含有红色和黄色,这两种色彩都是暖色,其色彩的表情性和表现性基本上是一致的。在形态表现上,圆桌上放圆碗、圆盘、圆杯等;不同原料在一个菜点中,形状上"丁配丁,丝配丝"。调和给人一种协调、和谐、安定、自然的意境。

4. 比例与节奏

比例是事物的整体和局部、局部和局部之间的关系。这种关系在现实生活中常见,例如在建筑中,窗与门的关系,门窗的局部与建筑的整体之间的关系,明信片、书本的长和宽的比例等。最能引起美感的比例是古希腊的毕达哥拉斯学派所发现的黄金分割率(即$1:1.618$),但这不是唯一美的比例,应根据具体情况灵活掌握。比例法则的正确使用,会给人带来稳定、舒适的心理感受。假如长条盘盛装的菜点若需装饰,则应在黄金分割率的分割点,即整体分离$5:3$(整体分为8分,左为5,右为3)。

节奏是比例在音乐上的表现,音乐之美就是音符数目的比例之美。节奏指有规律、有秩序的连续变化和运动。节奏这种间歇的表现特征,普遍存在于自然界中,如人的呼吸、心脏的跳动、劳动的号子、春夏秋冬有规则的交替、大海的涨潮落潮等。节奏的快慢对人的生理和心理影响很大。菜点的造型和摆盘也能表现出强烈的节奏感。菜点造型有规律的重复,有秩序的排列,线条、形体之间有条理的连续,颜色之间的交替重复出现,都可以产生节奏感。

5. 多样统一

多样统一又称和谐,它是形式美的最高要求。多样统一在哲学上称为对立统一。多样是指一

菜点创新设计的方法

个整体中的各部分在形式上的差异性,包含了渐次、对比、节奏等因素;统一是指各部分在形式上的共同性,包含了均齐、调和、均衡、对称等因素。

多样统一法则的运用,使人感觉既能达到丰富生动、又有秩序统一,在各种形式因素的复杂组合中,通常以和谐,即多样统一为最美。如果只有多样,则会变得杂乱无章,使人头晕目眩、眼花缭乱,毫无美感可言;如果只有统一,则过于整齐划一,使人感到单调呆板,毫无变化,不能表现复杂的多变事物,不能唤起人观赏的兴趣,也无所谓美。世界上,从宏观事物至微观事物,都在不停地运动,千差万别的变化事物是世界的本来面目,应充分地表现出变化的美,并使变化在一定范围内进行,即要求在"统一"的法则下,做到变化中见统一,异中求同,不一中见一。

总之菜点创新设计时,要掌握饮食美学知识,指导人们参与饮食美的实践活动,不断培养创新设计的审美表现力和创造力,引导和帮助人们树立正确的审美观念,提高审美情趣。

（四）基于菜点创新设计要素的创新设计方法举例

1. 基于烹饪工艺三要素的创新设计

（1）原料变化的创新设计

通过改变原有菜点食材而创新菜点的方法。如食料变化法、食材搭配法、以荤托素法等。

（2）工具变化的创新设计

通过改变菜点制作工具或器械而创新菜点的方法。如工具变化法、模具变化法等。

（3）技法变化的创新设计

通过改变菜点制作的烹饪技法而创新菜点的方法。如南菜北做法、北菜南做法、中外结合法、古为今用法等。

2. 基于菜点属性的创新设计

餐饮人在生产工作中,常常根据菜点属性的差异性来创新菜点,而菜点的属性包括营养成分、味型、口感、香气、颜色、形态、器皿等元素,通过改变菜点中属性元素的不同搭配,或融入新的其他属性,皆可创制出新的菜点,其衍生出的菜点创新法有味型变化法、食趣转换法、餐点组合法、香气转变法、形态改变法等。

3. 基于形式美法则的创新设计

在根据形式美法则创新菜点的过程中,通常要考虑菜点形状组配的均齐与渐次、对称与平衡、对比与调和、比例与节奏、多样统一。通过对菜点形式美法则的研究与运用,可以设计出众多新颖的菜点。

商汤《盘铭》中有云:"苟日新,日日新,又日新",当今餐饮工作者应秉承这一精神对烹饪艺术不断地挖掘、探索、求新。创新思想是烹饪教育发展的持久动力,菜点创新是每个餐饮工作者必经的一个连续性过程。因此,菜点创新教育在烹饪教育中占据十分重要的地位。

菜点创新设计是一项既简单,又很复杂的学问与技术。

说它简单,是因为中华文明历史悠久、源远流长,而中华文明的发展史其实就是中华美食文化与烹饪技术的发展史。先辈们通过辛勤的劳动与不断的思考研究,总结出我们取之不尽、用之不竭的宝贵经验与知识财富。作为新一代餐饮工作者,作为这些宝贵经验与知识财富的继承者,我们在菜点创新设计的过程中,将有不胜枚举的知识与经验可以借鉴,所以可以说中餐菜点的创新难度相对要小一些。

说它复杂,是因为经过人类几千年的传承与发展,众多勤劳的餐饮工作者们已经创造了非常庞大的、先进的、完整的、成熟的烹饪技术与知识体系,我们想创造一例新的菜点,其实就是要填补这个已经非常完善的烹饪体系,难度是很大的。但是菜点的创新设计是新一代餐饮工作者

菜点创新设计的方法

续表

菜点创新设计的方法	必须要去学习、必须要去研究、必须要去完成的艰巨任务,这是中华餐饮技术与文化传承的必备条件。 　　习近平总书记在党的二十大报告中强调,培养造就大批德才兼备的高素质人才,是国家和民族长远发展大计。功以才成,业由才广。要加快建设世界重要人才中心和创新高地,促进人才区域合理布局和协调发展,着力形成人才国际竞争的比较优势。加快建设国家战略人才力量,努力培养造就更多大师与大国工匠。作为我国社会主义餐饮业未来的建设者,我们不仅要继续创新餐饮产品,为餐饮业发展注入不竭动力,更要担负起培育餐饮业大国工匠与高技能人才的重任。 　　穷则变,变则通,通则久。——《周易·系辞下》 　　新一代餐饮工作者一定要将学习到的文化、理论知识与实践相结合,掌握善于学习、善于总结、善于反思、善于改进的学习过程,并将其融入未来的生产实践当中,从而总结出更多样化、更新颖、更符合市场需求的创新菜点方法,做到知行合一、学以致用。

思考与解答

1. 在学习本任务知识后,你认为哪个知识点为重点?哪个知识点为难点?请列举出来。

2. 在学习并理解了本任务知识后,你认为接下来应该去学习和了解的知识是哪些?为什么?

3. 在学习并理解了本任务知识后,你认为对于今后的操作实践是否有帮助?具体有哪些实质性的作用?

 **考核标准**

能 力 与 评 价

项目	知识理解程度与问题的回答	通用能力	小组互评	老师评价
标准分数	70	10	10	10
分数				
总分				

考核说明：

知识理解程度与问题的回答：对学生学习本任务知识的理解程度，与对本任务中提出问题的回答水平给予对应的分数。

通用能力：包括出勤（按时到岗、学习准备就绪），衣着，行为规范（自觉遵守纪律、有责任心和荣誉感），学习态度（积极主动、不怕困难、勇于探索），团队分工合作（能融入集体、愿意接受任务并积极完成）。实行扣分制，根据情况扣 1～6 分。

小组互评：值周小组对各小组任务完成的整体情况进行评价，按照优秀 10 分、良好 8 分、合格 6 分、不合格 4 分的标准进行打分，计入每个组员的成绩中。

老师评价：老师对各小组任务完成的整体情况进行评价，按照优秀 10 分、良好 8 分、合格 6 分、不合格 4 分的标准进行打分，计入每个组员的成绩中。

学生成长日记

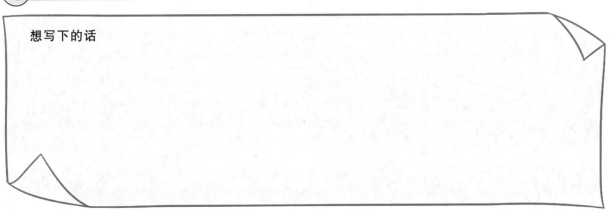

想写下的话

推荐阅读的书籍

1. 杨铭铎. 饮食美学及其餐饮产品创新[M]. 北京，科学出版社：2007.

2. 杨铭铎. 餐饮概论[M]. 北京，科学出版社：2008.

3. 邵万宽. 中国美食设计与创新[M]. 北京，中国轻工业出版社：2020.

4. 冯玉珠. 菜点设计[M]. 北京，科学出版社：2018.

模块 2

操作与实践

中式菜肴创新方法应用与实践

任务 1　食材变化法应用 1

扫码看课件

自主学习任务单

	任务名称	食材变化法应用1
	案例	锅包猴头菇
自学内容、方法与建议	学习目标	1. 知识与技能目标 (1) 了解龙菜锅包肉的相关历史与知识。 (2) 掌握猴头菇的初处理。 (3) 掌握锅包猴头菇的制作工艺。 (4) 了解锅包肉的制作方法与产品要求,通过食材变化法的应用,改变锅包肉的原料,创新设计并制作出新的菜肴品种。 2. 过程与方法目标 (1) 掌握中式菜肴创新设计方法食材变化法的应用。 (2) 了解菜肴烹调技法——烹的操作过程。 3. 道德情感与价值观目标 (1) 操作过程中精益求精,菜肴质量力求完美,培养自己的工匠意识。 (2) 节约食材,不浪费,做到物尽其用。 (3) 学习过程中能够与其他同学紧密合作,及时沟通,提升自身团队合作意识。 (4) 勤洗手,戴好口罩,配合国家防疫及卫生要求。 (5) 操作过程符合食品加工卫生要求,培养良好的卫生习惯。 4. 学习重点和难点 (1) 重点:利用食材变化法设计创新菜肴。 解析:利用改变传统菜肴的主料,使菜肴具有新的特色、新的口感,得以创造新的菜肴。 (2) 难点:猴头菇的挂糊与炸制。 解析:切好的猴头菇表面特别光滑,质感特别细嫩,用力不宜过度,否则容易抓碎;炸制时一定要复炸,以增加猴头菇的口感。
	学习方法与建议	1. 充分学习学案与微课,通过数字教学资源学习菜肴制作。 2. 各组同学之间多沟通,发现自身问题与对方的问题,集思广益,解决问题。 3. 在烹饪专业微信群中多向已经毕业并正在行业工作的学长提问,听取意见。 4. 不到万不得已不向教师提问,尽量自行解决问题。 5. 多做多练多动脑。

续表

自学内容、方法与建议	信息化环境要求	1. 拥有能够扫码与上网的智能手机或平板电脑。 2. 以班级为单位建立微信群,便于经验交流。 3. 至少邀请一名行业专家进入微信群,以便能够随时为群中的学生们提供帮助,及时做出评价。	
学习任务	学习任务	学习内容与过程	学习方法建议与提示
	了解菜肴	阅读学案,学习技能案例。	找出并突破重点与难点,灵活思考,激发自己的创新灵感。
	微课自学	扫描二维码,观看微课视频,自主学习并反复练习。	按照微课的教学任务逐步操作,通过自主学习与练习,深度理解菜肴烹饪技法的环节与关键点。
	创新设计菜肴	通过以上知识与技能的学习,找出创新点,根据食材变化法的创新原则,在锅包肉的基础上,创制出新的菜肴。	总结经验,互相交流,运用最有效率的学习方法完成菜肴创新设计任务。
练习与检测		自行思考、交流、练习,遇到难点先不要问老师,要学会自主地去解决问题,解决不了的问题标记出来,在课堂实践中提问并讨论,大家一起在老师的帮助下解决问题。	
交流与反馈		同学们,完成学习任务的过程中你有没有遇到困难呢?如果有的话,可以在烹饪专业微信群里进行交流,也可以给学长留言。 　每个人遇到的问题都会有所不同,大家可以互相帮助,说出你的见解。对于认真交流和反馈,或者积极帮助他人的同学,老师将记录下来进行日常考核加分。 　可以把做得比较成功的案例相片发到朋友圈,同学们视其品相优劣给出自己的"赞",集"赞"较多的小组给予加分。	
困惑与建议		1. 学习过程中遇到的问题或难点。 2. 对于微课自主学习的新模式,你有哪些感受?对于微课的内容,你还有什么改进意见吗?(如难度、语速、画面等)	
自我评价		1. 是否认真完整地观看了老师制作的微课视频?(如果做到认真观看,请给自己加上 20 分) 2. 是否独立思考与学习,完成学习任务?(每独立思考并完成一个任务后,请给自己加上 20 分) 3. 你有几次在线反馈交流呢?(每次在线反馈交流后请给自己加上 5 分) 4. 对于微信群中其他同学提出的问题,你帮助解答了几次呢?(每解答一次请给自己加上 8 分) 5. 你集到的"赞"的数量。(1 个"赞"加 1 分) 你得到的总分为＿＿＿＿＿＿＿＿＿＿＿＿	

微课视频

了解菜肴	锅包猴头菇(图 2-1-1-1)。 锅包猴头菇是在龙菜代表作锅包肉的基础上,改变食材而制作的一道创新菜肴。这属于创新设计菜肴方法中的食材变化法。 将锅包肉中的主料猪瘦肉,改为水发好的猴头菇。猴头菇口感滑爽、有弹性,菜肴成品口感外焦里嫩,有独到的特色。猴头菇属药用、食用双效用食用菌,富含各种氨基酸、维生素与微量元素,具有健脾养胃、安神、抗癌的功效,对体虚乏力、消化不良、失眠、胃与十二指肠溃疡、慢性胃炎、消化道肿瘤等症有益。当代原料市场中人工种植的猴头菇价格并不高,甚至比猪肉还要便宜一些,从原料成本上考虑也可以普遍用于菜肴制作。
菜肴配方	主料 鲜猴头菇 200 g。 配料与调辅料 葱 10 g、姜 10 g、蒜 5 g、盐 5 g、味精 3 g、糖 30 g、生抽 3 g、料酒 2 g、白醋 20 g、土豆淀粉 150 g、食用油 500 g、胡萝卜 10 g、香菜 20 g。
菜肴制作流程	(一)切配与腌制(图 2-1-1-2) 1. 葱、姜、胡萝卜切丝;蒜切片;香菜切段;猴头菇切成约 5 cm×3.5 cm×0.5 cm 的片。 2. 切好的猴头菇加入少许盐腌制。 (二)挂糊处理与炸制(图 2-1-1-3) 1. 将土豆淀粉置入冷水中,直至所有淀粉沉淀。 2. 将泡好的水淀粉加入腌制好的猴头菇中充分搅拌,使水淀粉均匀地包裹住原料。 (1)将锅中置油烧至六成热(160～170 ℃),将挂好糊的原料均匀地下入油锅中,用中火炸至表面成型,原料断生。 (2)将原料捞出,将油烧至八成热(190～200 ℃),将炸好的原料下入锅中进行复炸,用中高火将原料炸至金黄色,表面迅速脱水,达到外焦里嫩的效果。 (三)烹制与装盘(图 2-1-1-4) 1. 将糖、白醋、盐、味精、料酒、生抽等调料混合,制成调味汁。 2. 锅中留底油,加入葱、姜、蒜爆香,下入炸好的猴头菇片,趁大火烹入碗中的调味汁,快速颠翻,使调味汁迅速蒸发,并包裹在原料表面,下入香菜,颠翻出锅,装盘即可。 3. 将所有工具擦洗干净后归位,操作完毕。
菜肴的创新设计	同学们,请以锅包猴头菇这道菜肴为例,运用锅包肉的烹调技法——烹,改变其原料,创新设计出一道新颖的菜肴,并在下面的表格中填写你设计菜肴的配方与制作流程。 1. 菜肴名称:_____ 2. 菜肴配方 原料名称 用量

续表

菜肴的创新设计	3. 制作流程

图 2-1-1-1　锅包猴头菇　　　　图 2-1-1-2　切配与腌制　　　　图 2-1-1-3　挂糊处理与炸制

图 2-1-1-4　烹制与装盘

心得与评价

1. 请大家在下面写一写自己在创新设计与制作菜肴中的感受（包括你的困惑、你怎样解决困惑、你解决不掉的困惑、技术上遇到的瓶颈、失败的案例、解决问题时你头脑中迸发的灵感、你到达成功彼岸的方法等）

2. 老师的评价（请老师为你填写）

3．同学们的评价（至少请 3 位同学为你填写）

4．行业专家的评价

实训报告与考核标准

❶ 实训报告

实训时间		指导老师	
一、实训内容与过程记述			
二、实训结果与产品质量			
三、实训总结与体会			
（详细总结自己的收获,针对本次实训有何想法？有何不足？怎样去弥补本次不足）			

❷ 考核标准

（1）技能考核标准

序号	核分项目	标准分数	得分数
1	创新点运用与产品质量	60	
2	刀工技术	10	
3	调味水平	10	
4	火候掌握	10	
5	操作时间（60 分钟）	10	
6	总分		

（2）能力与评价得分

项目	创新与技能	通用能力	小组互评	老师评价
标准分数	70	10	10	10
得分数				
总分				

考核说明：

创新与技能：学生的创新点运用与操作标准，根据完成情况打分。

通用能力：包括出勤（按时到岗、学习准备就绪），衣着，行为规范（自觉遵守纪律、有责任心和荣誉感），学习态度（积极主动、不怕困难、勇于探索），团队分工合作（能融入集体、愿意接受任务并积极完成）。实行扣分制，根据情况扣 1～6 分。

小组互评：值周小组对各小组任务完成的整体情况进行评价，按照优秀 10 分、良好 8 分、合格 6 分、不合格 4 分的标准进行打分，计入每个组员的成绩中。

老师评价：老师对各小组任务完成的整体情况进行评价，按照优秀 10 分、良好 8 分、合格 6 分、不合格 4 分的标准进行打分，计入每个组员的成绩中。

学生成长日记

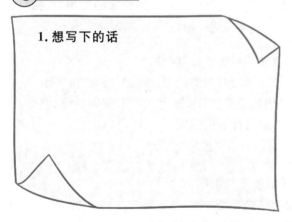

1. 想写下的话

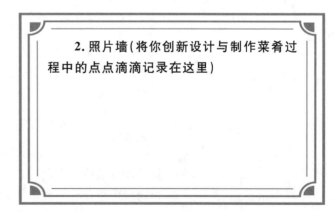

2. 照片墙（将你创新设计与制作菜肴过程中的点点滴滴记录在这里）

扫码看课件

任务 2　食材变化法应用 2

🍳 自主学习任务单

	任务名称	食材变化法应用 2
自学内容、方法与建议	案例	鲜虾狮子头
	学习目标	1. 知识与技能目标 （1）了解淮扬菜狮子头的相关历史与知识。 （2）掌握狮子头摔打的技巧。 （3）掌握鲜虾清汤的制作要领。 （4）了解狮子头的制作方法与产品要求，通过食材变化法的应用，改变狮子头的原料，创新设计并制作出新的菜肴品种。 2. 过程与方法目标 （1）掌握中式菜肴创新设计方法食材变化法的应用。 （2）了解菜肴烹调技法——清炖的操作过程。 3. 道德情感与价值观目标 （1）操作过程中精益求精，菜肴质量力求完美，培养自己的工匠意识。 （2）节约食材，不浪费，做到物尽其用。 （3）学习过程中能够与其他同学紧密合作，及时沟通，提升自身团队合作意识。 （4）勤洗手，戴好口罩，配合国家防疫及卫生要求。 （5）操作过程符合食品加工卫生要求，培养良好的卫生习惯。 4. 学习重点和难点 （1）重点：利用食材变化法设计创新菜肴。 解析：利用改变传统菜肴的主料，使菜肴具有新的特色、新的口感，得以创造新的菜肴。 （2）难点：狮子头的摔打与定型。 解析：狮子头的肉粒要经过反复摔打才可以定型制成口感软嫩的丸子，在摔打的过程中不可过度搅拌，否则会使狮子头口感变老、变硬。
	学习方法与建议	1. 充分学习学案与微课，通过数字教学资源学习菜肴制作。 2. 各组同学之间多沟通，发现自身问题与对方的问题，集思广益，解决问题。 3. 在烹饪专业微信群中多向已经毕业并正在行业工作的学长提问，听取意见。 4. 不到万不得已不向教师提问，尽量自行解决问题。 5. 多做多练多动脑。
	信息化环境要求	1. 拥有能够扫码与上网的智能手机或平板电脑。 2. 以班级为单位建立微信群，便于经验交流。 3. 至少邀请一名行业专家进入微信群，以便能够随时为群中的学生们提供帮助，及时做出评价。

	学习任务	学习内容与过程	学习方法建议与提示
学习任务	了解菜肴	阅读学案,学习技能案例。	找出并突破重点与难点,灵活思考,激发自己的创新灵感。
	微课自学	扫描二维码,观看微课视频,自主学习并反复练习。	按照微课的教学任务逐步操作,通过自主学习与练习,深度理解菜肴烹饪技法的环节与关键点。
	创新设计菜肴	通过以上知识与技能的学习,找出创新点,根据食材变化法的创新原则,在狮子头的基础上,创制出新的菜肴。	总结经验,互相交流,运用最有效率的学习方法完成菜肴创新设计任务。
练习与检测		自行思考、交流、练习,遇到难点先不要问老师,要学会自主地去解决问题,解决不了的问题标记出来,在课堂实践中提问并讨论,大家一起在老师的帮助下解决问题。	
交流与反馈		同学们,完成学习任务的过程中你有没有遇到困难呢? 如果有的话,可以在烹饪专业微信群里进行交流,也可以给学长留言。 每个人遇到的问题都会有所不同,大家可以互相帮助,说出你的见解。对于认真交流和反馈,或者积极帮助他人的同学,老师将记录下来进行日常考核加分。 可以把做得比较成功的案例相片发到朋友圈,同学们视其品相优劣给出自己的"赞",集"赞"较多的小组给予加分。	
困惑与建议		1. 学习过程中遇到的问题或难点。 2. 对于微课自主学习的新模式,你有哪些感受? 对于微课的内容,你还有什么改进意见吗?(如难度、语速、画面等)	
自我评价		1. 是否认真完整地观看了老师制作的微课视频?(如果做到认真观看,请给自己加上 20 分) 2. 是否独立思考与学习,完成学习任务?(每独立思考并完成一个任务后,请给自己加上 20 分) 3. 你有几次在线反馈交流呢?(每次在线反馈交流后请给自己加上 5 分) 4. 对于微信群中其他同学提出的问题,你帮助解答了几次呢?(每解答一次请给自己加上 8 分) 5. 你集到的"赞"的数量。(1 个"赞"加 1 分) 你得到的总分为＿＿＿＿＿＿＿＿＿＿	

自学学案

了解菜肴	鲜虾狮子头(图 2-1-2-1)。 狮子头是我国江苏省淮扬菜系中的一道传统菜肴。传说狮子头做法始于隋朝,隋炀帝游幸时,厨师以扬州万松山、金钱墩、象牙林、葵花岗四大名景为主题做成了松鼠鳜鱼、金钱虾饼、象牙鸡条和葵花斩肉四道菜,而其中的葵花斩肉后被改名为狮子头,其味道清鲜素雅,口感软糯香滑,在江南地区广负盛名。改变菜肴的原料创造出一道新的菜肴,属于创新设计菜肴方法中的食材变化法。 在狮子头中加入鲜虾肉粒与虾籽,用炸酥的虾头调制出鲜美无比的鲜汤,使本来味道比较清淡的菜肴变得鲜味浓郁,鲜虾肉粒使得菜肴在咀嚼中有更多的脆爽口感。鲜虾中含有丰富的蛋白质,氨基酸含量很高,同时富含钾、碘、镁、磷等微量元素和维生素 A、虾青素等有益营养成分,还具有通乳的功效。

菜肴配方	主料	猪肩肉 450 g、猪肥膘 50 g、鲜虾 300 g、荸荠 20 g。
	配料与调辅料	葱 10 g、姜 10 g、盐 5 g、味精 3 g、黄酒 6 g、枸杞 2 g、土豆淀粉 20 g、食用油 20 g、虾籽 3 g、鱼露 5 g、鲜汤 1000 g。

菜肴制作流程	(一)原料切配(图 2-1-2-2) 猪肩肉一半剁成肉泥,另一半切成肉粒;猪肥膘、荸荠切成粒;鲜虾去头、壳、尾、虾线,洗净后切成粒,虾头保留;葱、姜切蓉。 (二)狮子头的摔打与成型(图 2-1-2-3) 1. 将切配好的原料猪肉、鲜虾置入盆中,搅拌均匀后反复摔打,直至肉粒、肉泥融为一体,加入虾籽、葱姜蓉、盐、味精、黄酒调味。 2. 将摔打好的肉泥用手团成直径约为 7 cm 的肉丸,并在肉丸表面薄薄地裹上一层湿淀粉。 (三)鲜虾汤的调制(图 2-1-2-4) 1. 将鲜虾的虾头洗净,沥干水分。 2. 锅中置油,烧至六七成热,下入虾头,炸制金黄色,将虾头捞出后趁热投入鲜汤中,加入葱、姜、盐、味精、黄酒、鱼露调味,大火烧开,小火煮制 20 min 后,捞出虾头、葱、姜即可。 (四)蒸炖与装盘(图 2-1-2-5) 1. 将制好的狮子头放入鲜虾汤中,加盖。置入蒸锅中,中火蒸制 90 min。 2. 将蒸炖好的狮子头捞出置入汤盅,加入鲜汤,在狮子头顶部装饰枸杞即可。

菜肴的创新设计	同学们,请以鲜虾狮子头这道菜肴为例,运用狮子头的烹调技法——清炖,改变其原料,创新设计出一道新颖的菜肴,并在下面的表格中填写你设计菜肴的配方与制作方法。 1. 菜肴名称:＿＿＿＿＿＿＿＿＿＿＿＿＿＿＿＿＿＿＿＿

续表

菜肴的创新设计	2. 菜肴配方	
	原料名称	用量
	3. 制作流程	

图 2-1-2-1　鲜虾狮子头

图 2-1-2-2　原料切配

图 2-1-2-3　狮子头的摔打与成型

图 2-1-2-4　鲜虾汤的调制

图 2-1-2-5　蒸炖与装盘

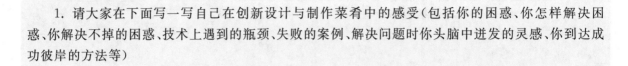

心得与评价

1. 请大家在下面写一写自己在创新设计与制作菜肴中的感受（包括你的困惑、你怎样解决困惑、你解决不掉的困惑、技术上遇到的瓶颈、失败的案例、解决问题时你头脑中迸发的灵感、你到达成功彼岸的方法等）

2. 老师的评价（请老师为你填写）

3. 同学们的评价（至少请 3 位同学为你填写）

4. 行业专家的评价

实训报告与考核标准

❶ 实训报告

实训时间		指导老师	
一、实训内容与过程记述			

续表

二、实训结果与产品质量
三、实训总结与体会
（详细总结自己的收获，针对本次实训有何想法？有何不足？怎样去弥补本次不足）

❷ 考核标准

（1）技能考核标准

序号	核分项目	标准分数	得分数
1	创新点运用与产品质量	60	
2	刀工技术	10	
3	调味水平	10	
4	火候掌握	10	
5	操作时间（60 分钟）	10	
6	总分		

（2）能力与评价得分

项目	创新与技能	通用能力	小组互评	老师评价
标准分数	70	10	10	10
得分数				
总分				

考核说明：

创新与技能：学生的创新点运用与操作标准，根据完成情况打分。

通用能力：包括出勤（按时到岗、学习准备就绪），衣着，行为规范（自觉遵守纪律、有责任心和荣誉感），学习态度（积极主动、不怕困难、勇于探索），团队分工合作（能融入集体、愿意接受任务并积极完成）。实行扣分制，根据情况扣 1～6 分。

小组互评：值周小组对各小组任务完成的整体情况进行评价，按照优秀 10 分、良好 8 分、合格 6 分、不合格 4 分的标准进行打分，计入每个组员的成绩中。

老师评价：老师对各小组任务完成的整体情况进行评价，按照优秀 10 分、良好 8 分、合格 6 分、不合格 4 分的标准进行打分，计入每个组员的成绩中。

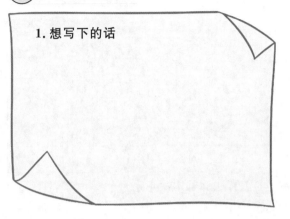

学生成长日记

1. 想写下的话

2. 照片墙（将你创新设计与制作菜肴过程中的点点滴滴记录在这里）

任务 3　食材变化法应用 3

扫码看课件

自主学习任务单

	任务名称	食材变化法应用 3
	案例	鲜虾萝卜贴
自学内容、方法与建议	学习目标	1. 知识与技能目标 (1) 掌握鲜虾萝卜贴的制作要领。 (2) 了解贴类菜肴的制作方法与产品要求,通过食材变化法的应用,改变贴类菜肴的原料,创新设计并制作出新的菜肴品种。 2. 过程与方法目标 (1) 掌握中式菜肴创新设计方法食材变化法的应用。 (2) 了解菜肴烹调技法——贴的操作过程。 3. 道德情感与价值观目标 (1) 操作过程中精益求精,菜肴质量力求完美,培养自己的工匠意识。 (2) 节约食材,不浪费,做到物尽其用。 (3) 学习过程中能够与其他同学紧密合作,及时沟通,提升自身团队合作意识。 (4) 勤洗手,戴好口罩,配合国家防疫及卫生要求。 (5) 操作过程符合食品加工卫生要求,培养良好的卫生习惯。 4. 学习重点和难点 (1) 重点:利用食材变化法设计创新菜肴。 解析:利用改变传统菜肴的主料,使菜肴具有新的特色、新的口感,得以创造新的菜肴。 (2) 难点:煎制的过程。 解析:在煎制过程中,火候的掌握要准确,要使 3 层原料成熟一致;在加热过程中要加盖,促使顶部鲜虾成熟。

续表

自学内容、方法与建议	学习方法与建议	1. 充分学习学案与微课,通过数字教学资源学习菜肴制作。 2. 各组同学之间多沟通,发现自身问题与对方的问题,集思广益,解决问题。 3. 在烹饪专业微信群中多向已经毕业并正在行业工作的学长提问,听取意见。 4. 不到万不得已不向教师提问,尽量自行解决问题。 5. 多做多练多动脑。	
	信息化环境要求	1. 拥有能够扫码与上网的智能手机或平板电脑。 2. 以班级为单位建立微信群,便于经验交流。 3. 至少邀请一名行业专家进入微信群,以便能够随时为群中的学生们提供帮助,及时做出评价。	

	学习任务	学习内容与过程	学习方法建议与提示
学习任务	了解菜肴	阅读学案,学习技能案例。	找出并突破重点与难点,灵活思考,激发自己的创新灵感。
	微课自学	扫描二维码,观看微课视频,自主学习并反复练习。	按照微课的教学任务逐步操作,通过自主学习与练习,深度理解菜肴烹饪技法的环节与关键点。
	创新设计菜肴	通过以上知识与技能的学习,找出创新点,根据食材变化法的创新原则,在贴类菜肴的基础上,创制出新的菜肴。	总结经验,互相交流,运用最有效率的学习方法完成菜肴创新设计任务。

练习与检测	自行思考、交流、练习,遇到难点先不要问老师,要学会自主地去解决问题,解决不了的问题标记出来,在课堂实践中提问并讨论,大家一起在老师的帮助下解决问题。
交流与反馈	同学们,完成学习任务的过程中你有没有遇到困难呢? 如果有的话,可以在烹饪专业微信群里进行交流,也可以给学长留言。 　　每个人遇到的问题都会有所不同,大家可以互相帮助,说出你的见解。对于认真交流和反馈,或者积极帮助他人的同学,老师将记录下来进行日常考核加分。 　　可以把做得比较成功的案例相片发到朋友圈,同学们视其品相优劣给出自己的"赞",集"赞"较多的小组给予加分。
困惑与建议	1. 学习过程中遇到的问题或难点。 　　2. 对于微课自主学习的新模式,你有哪些感受? 对于微课的内容,你还有什么改进意见吗?(如难度、语速、画面等)

续表

自我评价	1. 是否认真完整地观看了老师制作的微课视频?(如果做到认真观看,请给自己加上 20 分) 2. 是否独立思考与学习,完成学习任务?(每独立思考并完成一个任务后,请给自己加上 20 分) 3. 你有几次在线反馈交流呢?(每次在线反馈交流后请给自己加上 5 分) 4. 对于微信群中其他同学提出的问题,你帮助解答了几次呢?(每解答一次请给自己加上 8 分) 5. 你集到的"赞"的数量。(1 个"赞"加 1 分) 你得到的总分为＿＿＿＿＿＿＿＿＿＿＿＿＿＿＿＿＿

微课视频

自学学案

了解菜肴	鲜虾萝卜贴(图 2-1-3-1)。 贴是一种中餐特有的烹调技法。它是将 2 层或 2 层以上的鲜嫩原料堆叠到一起,锅中加少量油,只加热一面使菜肴成熟的方法。其制作方法的特殊性,使得贴的菜肴在选材品种方面过于受限。一般来说,贴类菜肴的底层原料皆选用猪的肥膘;第 2 层原料一般为蓉泥状原料,方便与上层和下层贴合;第 3 层原料一般选用鲜嫩的、易于成熟的原料。本菜肴改变底层原料的使用惯例,改用白萝卜作为底层原料,这样会改变菜肴的口感与特性,从而产生出一道新的令人回味无穷的菜肴。本道菜肴的创新设计属于食材变化法。 将底层的猪肥膘改为白萝卜制作贴类的菜肴,使得原本的浓香油腻变化为清爽淡雅的口感,白萝卜通过煎制后会产生特殊的香气,与鲜虾的味道具有非常好的融合性,同时会降低虾蓉中猪油的油腻感,顶部的鲜虾通过恰当的加热,具有一定的弹性,使得这道菜肴具有非常丰富的味道层次。同时,白萝卜中含有丰富的维生素、纤维素与淀粉酶,其中的芥子油还具有一定的促消化效用,鲜虾中富含蛋白质与微量元素,使得这道菜肴营养丰富,口味极佳。
菜肴配方	**主料** — 鲜虾 250 g、白萝卜 150 g、猪肥膘 20 g。
	配料与调辅料 — 葱姜水 5 g、黄酒 2 g、盐 5 g、味精 3 g、糖 1 g、蛋清 5 g、淀粉 10 g、食用油30 g。
菜肴制作流程	(一) 原料切配与腌制(图 2-1-3-2) 白萝卜切成约 6 cm×3 cm×0.5 cm 的片;鲜虾一半去头、壳、尾、虾线,与猪肥膘一起剁成蓉泥,另一半去头、壳、虾线,留尾部以及前一节虾壳,从背部切开。 (二) 虾蓉的调制(图 2-1-3-3) 将剁好的虾蓉泥中加入葱姜水、盐、糖、味精、黄酒、蛋清与淀粉,搅拌均匀,使其具有一定黏性即可。 (三) 煎制与装盘(图 2-1-3-4) 1. 将白萝卜表面裹上一层薄薄的淀粉,并在其一面涂抹一层虾蓉,在虾蓉上摆上切好的带尾鲜虾,使虾尾向上。 2. 锅中置入少量食用油,烧至四至五成热,下入萝卜贴,小火煎制;在底部与第 2 层的虾蓉快要成熟时加盖,利用锅中的热量使顶部的鲜虾也全部成熟,装盘即可。

续表

菜肴的创新设计	同学们,请以鲜虾萝卜贴这道菜肴为例,运用贴类菜肴的烹调技法——贴,改变其原料,创新设计出一道新颖的菜肴,并在下面的表格中填写你设计菜肴的配方与制作流程。 　　1. 菜肴名称:_____ 　　2. 菜肴配方

原料名称	用量

　　3. 制作流程

图 2-1-3-1　鲜虾萝卜贴

图 2-1-3-2　原料切配与腌制

图 2-1-3-3　虾蓉的调制

图 2-1-3-4　煎制与装盘

41

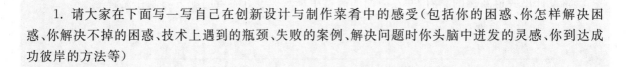

心得与评价

    1. 请大家在下面写一写自己在创新设计与制作菜肴中的感受（包括你的困惑、你怎样解决困惑、你解决不掉的困惑、技术上遇到的瓶颈、失败的案例、解决问题时你头脑中迸发的灵感、你到达成功彼岸的方法等）

    2. 老师的评价（请老师为你填写）

    3. 同学们的评价（至少请 3 位同学为你填写）

    4. 行业专家的评价

实训报告与考核标准

❶ **实训报告**

实训时间		指导老师	
一、实训内容与过程记述			

续表

二、实训结果与产品质量
三、实训总结与体会
（详细总结自己的收获，针对本次实训有何想法？有何不足？怎样去弥补本次不足）

❷ **考核标准**

（1）技能考核标准

序号	核分项目	标准分数	得分数
1	创新点运用与产品质量	60	
2	刀工技术	10	
3	调味水平	10	
4	火候掌握	10	
5	操作时间（60分钟）	10	
6	总分		

（2）能力与评价得分

项目	创新与技能	通用能力	小组互评	老师评价
标准分数	70	10	10	10
得分数				
总分				

考核说明：

创新与技能：学生的创新点运用与操作标准，根据完成情况打分。

通用能力：包括出勤（按时到岗、学习准备就绪），衣着，行为规范（自觉遵守纪律、有责任心和荣誉感），学习态度（积极主动、不怕困难、勇于探索），团队分工合作（能融入集体、愿意接受任务并积极完成）。实行扣分制，根据情况扣1～6分。

小组互评：值周小组对各小组任务完成的整体情况进行评价，按照优秀10分、良好8分、合格6分、不合格4分的标准进行打分，计入每个组员的成绩中。

老师评价：老师对各小组任务完成的整体情况进行评价，按照优秀10分、良好8分、合格6分、不合格4分的标准进行打分，计入每个组员的成绩中。

学生成长日记

1. 想写下的话

2. 照片墙(将你创新设计与制作菜肴过程中的点点滴滴记录在这里)

扫码看课件

任务 4　中外结合创新法应用 1

 自主学习任务单

自学内容、方法与建议	任务名称	中外结合创新法应用1
	案例	水晶咕噜肉水果沙拉
	学习目标	1. 知识与技能目标 (1) 了解广东菜咕噜肉的相关历史与知识。 (2) 掌握咕噜肉的制作要领。 (3) 掌握水果沙拉的制作方法。 (4) 了解咕噜肉的制作方法与产品要求,通过中外结合创新法的应用,改变咕噜肉的原料,再融合西餐中的沙拉制作方法,创新设计并制作出新的菜肴品种。 2. 过程与方法目标 (1) 掌握中式菜肴创新设计方法中外结合创新法的应用。 (2) 了解菜肴烹调技法——脆熘、拔丝、沙拉制作的操作过程。 3. 道德情感与价值观目标 (1) 操作过程中精益求精,菜肴质量力求完美,培养自己的工匠意识。 (2) 节约食材,不浪费,做到物尽其用。 (3) 学习过程中能够与其他同学紧密合作,及时沟通,提升自身团队合作意识。 (4) 勤洗手,戴好口罩,配合国家防疫及卫生要求。 (5) 操作过程符合食品加工卫生要求,培养良好的卫生习惯。 4. 学习重点和难点 (1) 重点:利用中外结合创新法设计创新菜肴。 解析:将传统的中式菜肴与西式菜肴的做法结合起来,使其兼具东西方菜肴的特色与优点。 (2) 难点:水晶咕噜肉的制作。

续表

自学内容、方法与建议	学习目标	解析:所有制作流程速度要快,所有环节不能等待,糖醋汁要趁热浇淋在菜肴表面,糖浆也要趁热挂在菜肴表面,置入冷冻的时间要掌握好,菜肴成品要做到表面的糖壳凝固酥脆,但内部的咕噜肉香甜嫩滑,并具有一定的温度,不能凉透。
	学习方法与建议	1. 充分学习学案与微课,通过数字教学资源学习菜肴制作。 2. 各组同学之间多沟通,发现自身问题与对方的问题,集思广益,解决问题。 3. 在烹饪专业微信群中多向已经毕业并正在行业工作的学长提问,听取意见。 4. 不到万不得已不向教师提问,尽量自行解决问题。 5. 多做多练多动脑。
	信息化环境要求	1. 拥有能够扫码与上网的智能手机或平板电脑。 2. 以班级为单位建立微信群,便于经验交流。 3. 至少邀请一名行业专家进入微信群,以便能够随时为群中的学生们提供帮助,及时做出评价。

	学习任务	学习内容与过程	学习方法建议与提示
学习任务	了解菜肴	阅读学案,学习技能案例。	找出并突破重点与难点,灵活思考,激发自己的创新灵感。
	微课自学	扫描二维码,观看微课视频,自主学习并反复练习。	按照微课的教学任务逐步操作,通过自主学习与练习,深度理解菜肴烹调技法的环节与关键点。
	创新设计菜肴	通过以上知识与技能的学习,找出创新点,根据中外结合创新法的原则,在咕噜肉的基础上,创制出新的菜肴。	总结经验,互相交流,运用最有效率的学习方法完成菜肴创新设计任务。

练习与检测	自行思考、交流、练习,遇到难点先不要问老师,要学会自主地去解决问题,解决不了的问题标记出来,在课堂实践中提问并讨论,大家一起在老师的帮助下解决问题。
交流与反馈	同学们,完成学习任务的过程中你有没有遇到困难呢? 如果有的话,可以在烹饪专业微信群里进行交流,也可以给学长留言。 每个人遇到的问题都会有所不同,大家可以互相帮助,说出你的见解。对于认真交流和反馈,或者积极帮助他人的同学,老师将记录下来进行日常考核加分。 可以把做得比较成功的案例相片发到朋友圈,同学们视其品相优劣给出自己的"赞",集"赞"较多的小组给予加分。
困惑与建议	1. 学习过程中遇到的问题或难点。 2. 对于微课自主学习的新模式,你有哪些感受? 对于微课的内容,你还有什么改进意见吗?(如难度、语速、画面等)

续表

自我评价	1. 是否认真完整地观看了老师制作的微课视频？（如果做到认真观看，请给自己加上 20分） 2. 是否独立思考与学习，完成学习任务？（每独立思考并完成一个任务后，请给自己加上 20 分） 3. 你有几次在线反馈交流呢？（每次在线反馈交流后请给自己加上 5 分） 4. 对于微信群中其他同学提出的问题，你帮助解答了几次呢？（每解答一次请给自己加上 8 分） 5. 你集到的"赞"的数量。（1 个"赞"加 1 分） 你得到的总分为＿＿＿＿＿＿＿＿＿＿＿＿＿

 自学学案

微课视频

了解菜肴	水晶咕噜肉水果沙拉（图 2-1-4-1）。 咕噜肉，又名古老肉，是一道广东的传统特色名菜。其原型为糖醋排骨，始于清代。当时在广州市的许多外国人非常喜欢中国菜，尤其喜欢吃糖醋排骨，但吃时不习惯吐骨。广东厨师即以去骨的精瘦肉加调味料与淀粉，拌和制成一只只大肉圆，入油锅炸至酥脆，浇上糖醋酱汁，其味酸甜可口，受到中外宾客的欢迎。糖醋排骨的历史悠久，经改制后，便称为"古老肉"。外国人发音不准，常把"古老肉"叫做"咕噜肉"，因为吃时肉有弹性，嚼肉时有咯咯声，故长期以来这两种称法并存。此菜在国内外享有较高声誉。市面上常见的是罐头菠萝搭配的咕噜肉。在咕噜肉的基础上经过烹调技法的创新，再融合西餐中的沙拉风格，创新出一道新的菜肴，属于中外结合创新法，同时也包括了古为今用的创新方法。 将炸制好的咕噜肉裹好糖醋汁，马上投入熬制好的糖浆中，经冷却后在其表面形成一层水晶一样的外壳，使其外酥里嫩，配以香橙、牛油果等水果制成的沙拉，使其味道更加富有层次，口味更加丰富；与此同时，各种口味清新的水果，也起到了解除肉类菜肴油腻的功效。猪肉富含蛋白质与各种微量元素，水果富含各种维生素，纤维素含量也很高。
菜肴配方	**主料**　肋排净肉 250 g、牛油果 50 g、橙 50 g、苹果 50 g。 **配料与调辅料**　盐 5 g、味精 3 g、糖 50 g、鸡蛋 10 g、淀粉 30 g、食用油 1000 g、糖醋汁 250 g、蛋黄酱 50 g。
菜肴制作流程	（一）原料切配与腌制（图 2-1-4-2） 猪肋排净肉切成约 5 cm×2.5 cm×0.2 cm 的薄片，加入少量盐、味精与胡椒粉腌制 5 min；各种水果切成粒。 （二）糖醋汁的调制（图 2-1-4-3） 1. 准备好原料：番茄酱 250 g、白醋 650 g、鲜橙汁 25 g、白糖 25 g、OK 汁 100 g、冰花梅酱 20 g、大红浙醋 100 g、冰片糖 350 g、去皮姜大片 10 g、干红辣椒粉 10 g、李派林喼汁 20 g、味精 10 g、盐 1 g。 2. 将以上所有原料混合置入容器中，隔水加热至冰片糖全部融化，过滤出残渣即可。

续表

菜肴制作流程	（三）咕噜肉的炸制与糖浆的熬制（图 2-1-4-4） 1. 将腌制好的肉片蘸满蛋液后，裹上淀粉，团成球状。 2. 锅中置油，烧至六至七成热，下入团好的肉球，炸至金黄色且表面酥脆。 3. 在炸好的咕噜肉表面趁热淋入调好的糖醋汁，使糖醋汁均匀地包裹咕噜肉表面。 4. 锅中按 1∶2 的比例加入水和糖，中火熬制使其呈金黄色，加入咕噜肉，颠翻炒锅，使糖浆均匀地包裹咕噜肉的表面，盛出后将咕噜肉置入急冻冰箱冷冻 30 s，使咕噜肉的表面糖浆迅速凝固。 （四）沙拉制作与装盘 1. 将所有水果粒与蛋黄酱拌匀制成水果沙拉，将水果沙拉码入盘中。 2. 将表面糖浆凝固的水晶咕噜肉码入盘中即可。
菜肴的创新设计	同学们，请以水晶咕噜肉水果沙拉这道菜肴为例，将咕噜肉的中式烹调技法——脆熘、拔丝，结合国外的烹调技法，创新设计出一道新颖的菜肴，并在下面的表格中填写你设计菜肴的配方与制作流程。 1. 菜肴名称：＿＿＿＿＿＿＿＿＿＿＿＿＿＿＿ 2. 菜肴配方 原料名称　　　　　　　　　　　用量 3. 制作流程

图 2-1-4-1　水晶咕噜肉水果沙拉

图 2-1-4-2　原料切配与腌制

图 2-1-4-3　糖醋汁的调制

图 2-1-4-4　咕噜肉的炸制与糖浆的熬制

心得与评价

1. 请大家在下面写一写自己在创新设计与制作菜肴中的感受（包括你的困惑、你怎样解决困惑、你解决不掉的困惑、技术上遇到的瓶颈、失败的案例、解决问题时你头脑中进发的灵感、你到达成功彼岸的方法等）

2. 老师的评价（请老师为你填写）

3．同学们的评价（至少请 3 位同学为你填写）

4．行业专家的评价

实训报告与考核标准

① 实训报告

实训时间		指导老师	
一、实训内容与过程记述			
二、实训结果与产品质量			
三、实训总结与体会			
（详细总结自己的收获，针对本次实训有何想法？有何不足？怎样去弥补本次不足）			

❷ 考核标准

（1）技能考核标准

序号	核分项目	标准分数	得分数
1	创新点运用与产品质量	60	
2	刀工技术	10	
3	调味水平	10	
4	火候掌握	10	
5	操作时间（60分钟）	10	
6	总分		

（2）能力与评价得分

项目	创新与技能	通用能力	小组互评	老师评价
标准分数	70	10	10	10
得分数				
总分				

考核说明：

创新与技能：学生的创新点运用与操作标准，根据完成情况打分。

通用能力：包括出勤（按时到岗、学习准备就绪），衣着，行为规范（自觉遵守纪律、有责任心和荣誉感），学习态度（积极主动、不怕困难、勇于探索），团队分工合作（能融入集体、愿意接受任务并积极完成）。实行扣分制，根据情况扣1~6分。

小组互评：值周小组对各小组任务完成的整体情况进行评价，按照优秀10分、良好8分、合格6分、不合格4分的标准进行打分，计入每个组员的成绩中。

老师评价：老师对各小组任务完成的整体情况进行评价，按照优秀10分、良好8分、合格6分、不合格4分的标准进行打分，计入每个组员的成绩中。

学生成长日记

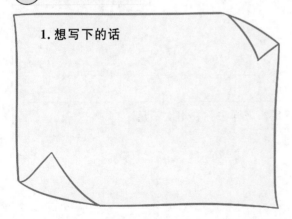

1. 想写下的话

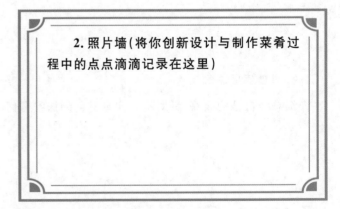

2. 照片墙（将你创新设计与制作菜肴过程中的点点滴滴记录在这里）

扫码看课件

任务 5　中外结合创新法应用 2

🥚 **自主学习任务单**

<table>
<tr><td rowspan="7">自学内容、方法与建议</td><td>任务名称</td><td>中外结合创新法应用 2</td></tr>
<tr><td>案例</td><td>脆皮鳜鱼浓汤干丝</td></tr>
<tr><td rowspan="3">学习目标</td><td>

1. 知识与技能目标
（1）了解淮扬菜大煮干丝的相关历史与知识。
（2）掌握大煮干丝的制作要领。
（3）掌握浓鱼汤的调制方法。
（4）了解大煮干丝的制作方法与产品要求,通过中外结合创新法的应用,改变大煮干丝的原料,再结合西方酥皮汤的技法,创新设计并制作出新的菜肴品种。

2. 过程与方法目标
（1）掌握中式菜肴创新设计方法中外结合创新法的应用。
（2）了解菜肴烹调技法——煮的操作过程。

3. 道德情感与价值观目标
（1）操作过程中精益求精,菜肴质量力求完美,培养自己的工匠意识。
（2）节约食材,不浪费,做到物尽其用。
（3）学习过程中能够与其他同学紧密合作,及时沟通,提升自身团队合作意识。
（4）勤洗手,戴好口罩,配合国家防疫及卫生要求。
（5）操作过程符合食品加工卫生要求,培养良好的卫生习惯。

4. 学习重点和难点
（1）重点:利用中外结合创新法设计创新菜肴。
解析:将传统的中式菜肴与西式菜肴的做法结合起来,使其兼具东西方菜肴的特色与优点。
（2）难点:浓鱼汤的制作。
解析:浓鱼汤的制作过程中,火候为关键。火力一定要够旺,鱼汤不停地滚沸,才可以使汤汁充分乳化,生成乳白色的浓鱼汤。

</td></tr>
<tr><td>学习方法与建议</td><td>

1. 充分学习学案与微课,通过数字教学资源学习菜肴制作。
2. 各组同学之间多沟通,发现自身问题与对方的问题,集思广益,解决问题。
3. 在烹饪专业微信群中多向已经毕业并正在行业工作的学长提问,听取意见。
4. 不到万不得已不向教师提问,尽量自行解决问题。
5. 多做多练多动脑。

</td></tr>
<tr><td>信息化环境要求</td><td>

1. 拥有能够扫码与上网的智能手机或平板电脑。
2. 以班级为单位建立微信群,便于经验交流。
3. 至少邀请一名行业专家进入微信群,以便能够随时为群中的学生们提供帮助,及时做出评价。

</td></tr>
</table>

续表

	学习任务	学习内容与过程	学习方法建议与提示
学习任务	了解菜肴	阅读学案,学习技能案例。	找出并突破重点与难点,灵活思考,激发自己的创新灵感。
	微课自学	扫描二维码,观看微课视频,自主学习并反复练习。	按照微课的教学任务逐步操作,通过自主学习与练习,深度理解菜肴烹调技法的环节与关键点。
	创新设计菜肴	通过以上知识与技能的学习,找出创新点,根据中外结合创新法的原则,在大煮干丝的基础上,创制出新的菜肴。	总结经验,互相交流,运用最有效率的学习方法完成菜肴创新设计任务。
练习与检测	自行思考、交流、练习,遇到难点先不要问老师,要学会自主地去解决问题,解决不了的问题标记出来,在课堂实践中提问并讨论,大家一起在老师的帮助下解决问题。		
交流与反馈	同学们,完成学习任务的过程中你有没有遇到困难呢?如果有的话,可以在烹饪专业微信群里进行交流,也可以给学长留言。 每个人遇到的问题都会有所不同,大家可以互相帮助,说出你的见解。对于认真交流和反馈,或者积极帮助他人的同学,老师将记录下来进行日常考核加分。 可以把做得比较成功的案例相片发到朋友圈,同学们视其品相优劣给出自己的"赞",集"赞"较多的小组给予加分。		
困惑与建议	1. 学习过程中遇到的问题或难点。 2. 对于微课自主学习的新模式,你有哪些感受?对于微课的内容,你还有什么改进意见吗?(如难度、语速、画面等)		
自我评价	1. 是否认真完整地观看了老师制作的微课视频?(如果做到认真观看,请给自己加上20分) 2. 是否独立思考与学习,完成学习任务?(每独立思考并完成一个任务后,请给自己加上20分) 3. 你有几次在线反馈交流呢?(每次在线反馈交流后请给自己加上5分) 4. 对于微信群中其他同学提出的问题,你帮助解答了几次呢?(每解答一次请给自己加上8分) 5. 你集到的"赞"的数量。(1个"赞"加1分) 你得到的总分为_____		

微课视频

脆皮鳜鱼浓汤干丝(图 2-1-5-1)。

大煮干丝是淮扬菜的一道代表菜例,其前身是九丝汤。相传清代乾隆皇帝下江南来到扬州,地方官员为了取悦皇帝,特重金聘请本地酒楼的烹饪高手,专门为乾隆烹制菜肴。厨师们听说是给皇帝做菜,谁也不敢懈怠,个个拿出看家本领,精心调制出花样繁多的菜肴。其中有一道菜名叫九丝汤,是用豆腐干和鸡丝等烩煮而成,因为豆腐干切得极细,经过鸡汤烩煮,融入了各种鲜味,食之软糯可口,别有一番滋味。乾隆吃过大为满意,于是这道菜便成了他每到扬州之后的必吃菜。再后来扬州厨师与时俱进,把这道九丝汤改进成了当今的大煮干丝。本道脆皮鳜鱼浓汤干丝结合了西方酥皮汤的技法,是一道另具新意的菜肴,该方法属于中外结合创新法。

大煮干丝作为淮扬菜深受江南人民的喜爱,清人惺庵居士在《望江南》词中写道:"扬州好,茶社客堪邀。加料干丝堆细缕,熟铜烟袋卧长苗,烧酒水晶肴。"这词像一幅旧时扬州风俗画,描绘了食客们一边喝酒抽烟,一边吃肴肉和煮干丝的情景。

1949 年 10 月 1 日开国大典当晚,中共中央领导人、中国人民解放军高级将领、各民主党派和无党派人士、社会各界知名人士、国民党军队的起义将领、少数民族代表,还有工人、农民、解放军代表,共 600 多人出席了在北京饭店举办的"开国第一宴"。由于出席宴会的嘉宾来自五湖四海,口味不一,为了能做到"兼顾",宴会决定选择口味适中的淮扬菜,辅以各种特色小吃。可当时的北京饭店主要经营西餐,尤以法餐见长,于是缺乏中餐制作经验的北京饭店,先是临时搭建起了一个二百平方米的中式厨房,随后邀请了当时北京有名的淮扬饭庄——玉华台的朱殿荣、王杜堃、孙久富等 9 位淮扬菜大师,带领着 10 位北京饭店的西餐大厨,完成"开国第一宴"。

了解菜肴

大师们在承接这个具有历史性意义的任务后发现,由于一共要准备 60 多桌菜肴,冷菜、点心可以提前预制,可热菜要保证能够同时热气腾腾地上桌,以当时的厨房设备水平而言,确实是一个大难题。在经过短暂商讨后,主厨朱殿荣毅然决定要用"大锅菜"的方法制作菜肴。要知道,做大锅菜不难,难就难在如何用大锅批量制作的方式,做出充满淮扬风味、卖相还要精致的菜肴。不过这几位大师个个都身手不凡,朱殿荣出身鼎镬世家,14 岁起师从名厨,练就了做大菜、办筵席的过硬本领;孙久富号称"孙快手",以制作面点见长。朱殿荣大师先是请人砌出几个大灶台,国宴当天,一边指挥着大家工作,一边亲自动手,在大灶前手舞特制的木柄大铁铲,在大铁锅内上下、左右翻飞,主料、配料、调料的分量下得准,火候掌握得恰当,与单独小炒无异。整个团队上下一心,分工明确,井然有序,所做的菜肴点心既精致又美味,让嘉宾们交口称赞。

"开国第一宴"一共由 4 道冷菜、8 道热菜、1 道汤菜和 4 种点心组成,而那道汤菜,就是本书所学习的鸡汁煮干丝。

"开国第一宴"所定菜单、所用原料并非大家想象中的高档华贵,反而大部分菜肴是家常风味,在很多餐厅都能吃到。不过,这次国宴依然展现出大师们不俗的厨艺功底,在原材料上精心挑选,在做法上以淮扬功夫菜为主。

值得一提的是,"开国第一宴"是开国至今所有国宴中最为丰盛的一次国宴,随后不久,为了不在国宴上铺张浪费,周恩来总理定下了"四菜一汤"的国宴标准(冷菜、水果不包括其中),至今照行不误。无论如何,"开国第一宴"背后的意义远比具体的菜式要更加深远,被选为北京主题名宴里的第一宴,实至名归。

脆皮鳜鱼浓汤干丝将鸡丝与火腿丝改为口感更加细腻的鳜鱼丝,将鸡汤改为用鳜鱼精心调制的香浓鱼汤,并在盅口盖以酥皮,出烤箱后趁热食用,集鲜美与浓郁于一身,结合了中西方烹饪技法。鳜鱼肉质细嫩,味鲜美,刺少肉多,营养丰富,早在唐代就有诗人张志和盛赞鳜鱼的诗句

了解菜肴	"桃花流水鳜鱼肥",佐证了其历来为人们所青睐,鳜鱼肉中含有大量完全蛋白质,更富含各种微量元素,营养价值与口味皆属上乘。	
菜肴配方	主料	净鳜鱼1条约600 g、豆干200 g、酥皮4张。
	配料与调辅料	盐5 g、味精3 g、糖1 g、白胡椒粉2 g、食用油30 g、白葡萄酒10 g、冬笋20 g、豌豆苗10 g、熟猪油15 g、蛋液20 g。

菜肴制作流程

(一)原料切配与腌制(图2-1-5-2)

豆干切成细丝;鳜鱼取下2片鱼肉,去皮、骨切成鱼丝,加入少量盐、白胡椒粉腌制;鱼头、尾、骨留出待用;冬笋切丝。

(二)豆干丝的烫制与鱼汤的调制(图2-1-5-3)

1. 豆干丝用沸水烫两次,以去除其中的腥味与苦味。

2. 锅中置底油,烧至七成热,加入留出的鱼头、尾、骨,大火煎制,并烹入白葡萄酒去除腥味,加入沸水,大火煮至汤呈浓白色,过滤出残渣。

(三)豆干丝的煮制与烤制酥皮(图2-1-5-4)

1. 锅中加入调制好的鱼汤,加入豆干丝、鱼丝、笋丝、熟猪油,加入盐、糖、味精,调好味后大火煮制10 min,待香气溢出、原料入味时加入豌豆苗,将煮好的干豆丝与汤汁盛入小汤盅内。

2. 将酥皮盖在小汤盅上,表面刷以蛋液,入烤箱180 ℃烤制20 min,待酥皮鼓起并呈金黄色即可。

菜肴的创新设计

同学们,请以脆皮鳜鱼浓汤干丝这道菜肴为例,将中国传统烹调技法——煮,结合国外的烹调方法,创新设计出一道新颖的菜肴,并在下面的表格中填写你设计菜肴的配方与制作流程。

1. 菜肴名称:_____

2. 菜肴配方

原料名称	用量

3. 制作流程

图 2-1-5-1　脆皮鳜鱼浓汤干丝

图 2-1-5-2　原料切配与腌制

图 2-1-5-3　豆干丝的烫制与鱼汤的调制

图 2-1-5-4　豆干丝的煮制与烤制酥皮

心得与评价

1. 请大家在下面写一写自己在创新设计与制作菜肴中的感受（包括你的困惑、你怎样解决困惑、你解决不掉的困惑、技术上遇到的瓶颈、失败的案例、解决问题时你头脑中迸发的灵感、你到达成功彼岸的方法等）

2. 老师的评价（请老师为你填写）

3. 同学们的评价（至少请 3 位同学为你填写）

4. 行业专家的评价

实训报告与考核标准

❶ **实训报告**

实训时间		指导老师	
一、实训内容与过程记述			

续表

二、实训结果与产品质量
三、实训总结与体会
（详细总结自己的收获,针对本次实训有何想法？有何不足？怎样去弥补本次不足）

②考核标准

（1）技能考核标准

序号	核分项目	标准分数	得分数
1	创新点运用与产品质量	60	
2	刀工技术	10	
3	调味水平	10	
4	火候掌握	10	
5	操作时间（60 分钟）	10	
6	总分		

（2）能力与评价得分

项目	创新与技能	通用能力	小组互评	老师评价
标准分数	70	10	10	10
得分数				
总分				

考核说明：

创新与技能:学生的创新点运用与操作标准,根据完成情况打分。

通用能力:包括出勤(按时到岗、学习准备就绪),衣着,行为规范(自觉遵守纪律、有责任心和荣誉感),学习态度(积极主动、不怕困难、勇于探索),团队分工合作(能融入集体、愿意接受任务并积极完成)。实行扣分制,根据情况扣 1～6 分。

小组互评:值周小组对各小组任务完成的整体情况进行评价,按照优秀 10 分、良好 8 分、合格 6 分、不合格 4 分的标准进行打分,计入每个组员的成绩中。

老师评价:老师对各小组任务完成的整体情况进行评价,按照优秀 10 分、良好 8 分、合格 6 分、不合格 4 分的标准进行打分,计入每个组员的成绩中。

菜点创新设计与实训——工作手册式

学生成长日记

1. 想写下的话

2. 照片墙(将你创新设计与制作菜肴过程中的点点滴滴记录在这里)

任务 6 食材搭配创新法应用 1

扫码看课件

自主学习任务单

	任务名称	食材搭配创新法应用 1
	案例	火龙果浆渍山药
自学内容、方法与建议	学习目标	1. 知识与技能目标 (1) 了解山药和火龙果的营养价值与功效。 (2) 掌握火龙果浆渍山药的制作要领。 (3) 了解山药的加工制作方法与产品要求,通过食材搭配创新法的应用,搭配火龙果等独特新颖的原料,创新设计并制作出新的菜肴品种。 2. 过程与方法目标 (1) 掌握中式菜肴创新设计方法食材搭配创新法的应用。 (2) 了解菜肴烹调技法——渍的操作过程。 3. 道德情感与价值观目标 (1) 操作过程中精益求精,菜肴质量力求完美,培养自己的工匠意识。 (2) 节约食材,不浪费,做到物尽其用。 (3) 学习过程中能够与其他同学紧密合作,及时沟通,提升自身团队合作意识。 (4) 勤洗手,戴好口罩,配合国家防疫及卫生要求。 (5) 操作过程符合食品加工卫生要求,培养良好的卫生习惯。 4. 学习重点和难点 (1) 重点:利用食材搭配创新法设计创新菜肴。 解析:将各种不同属性的原料大胆组配,通过营养的设计、味道的组合、口感的搭配、颜色的匹配,设计出新颖的菜肴。 (2) 难点:山药的蒸制与腌渍。 解析:山药要蒸得恰到好处,腌制时间不可过短或过长,否则会影响菜肴的味道和口感。

58

续表

自学内容、方法与建议	学习方法与建议	1. 充分学习学案与微课,通过数字教学资源学习菜肴制作。 2. 各组同学之间多沟通,发现自身问题与对方的问题,集思广益,解决问题。 3. 在烹饪专业微信群中多向已经毕业并正在行业工作的学长提问,听取意见。 4. 不到万不得已不向教师提问,尽量自行解决问题。 5. 多做多练多动脑。	
	信息化环境要求	1. 拥有能够扫码与上网的智能手机或平板电脑。 2. 以班级为单位建立微信群,便于经验交流。 3. 至少邀请一名行业专家进入微信群,以便能够随时为群中的学生们提供帮助,及时做出评价。	

	学习任务	学习内容与过程	学习方法建议与提示
学习任务	了解菜肴	阅读学案,学习技能案例。	找出并突破重点与难点,灵活思考,激发自己的创新灵感。
	微课自学	扫描二维码,观看微课视频,自主学习并反复练习。	按照微课的教学任务逐步操作,通过自主学习与练习,深度理解菜肴烹调技法的环节与关键点。
	创新设计菜肴	通过以上知识与技能的学习,找出创新点,根据食材搭配创新法的原则,选择独特新颖的原料与山药等薯类搭配,创制出新的菜肴。	总结经验,互相交流,运用最有效率的学习方法完成菜肴创新设计任务。

练习与检测	自行思考、交流、练习,遇到难点先不要问老师,要学会自主地去解决问题,解决不了的问题标记出来,在课堂实践中提问并讨论,大家一起在老师的帮助下解决问题。
交流与反馈	同学们,完成学习任务的过程中你有没有遇到困难呢? 如果有的话,可以在烹饪专业微信群里进行交流,也可以给学长留言。 　每个人遇到的问题都会有所不同,大家可以互相帮助,说出你的见解。对于认真交流和反馈,或者积极帮助他人的同学,老师将记录下来进行日常考核加分。 　可以把做得比较成功的案例相片发到朋友圈,同学们视其品相优劣给出自己的"赞",集"赞"较多的小组给予加分。
困惑与建议	1. 学习过程中遇到的问题或难点。 　2. 对于微课自主学习的新模式,你有哪些感受? 对于微课的内容,你还有什么改进意见吗?(如难度、语速、画面等)

自我评价	1. 是否认真完整地观看了老师制作的微课视频？（如果做到认真观看，请给自己加上 20 分） 2. 是否独立思考与学习，完成学习任务？（每独立思考并完成一个任务后，请给自己加上 20 分） 3. 你有几次在线反馈交流呢？（每次在线反馈交流后请给自己加上 5 分） 4. 对于微信群中其他同学提出的问题，你帮助解答了几次呢？（每解答一次请给自己加上 8 分） 5. 你集到的"赞"的数量。（1 个"赞"加 1 分） 你得到的总分为_____

📀 自学学案

微课视频

了解菜肴	火龙果浆渍山药（图 2-1-6-1）。 将白色的山药蒸得恰到好处，保留其爽脆的口感。浸入新鲜的红色火龙果榨制的果浆中，使其口感脆嫩、酸甜可口。经过精心设计，巧妙地搭配各种原料，创造出新颖的菜肴品种，属于食材搭配创新法。 山药是薯蓣属植物，富含纤维素、淀粉与淀粉酶，口感具有一定的脆性；火龙果富含纤维素和各种维生素，具有酸甜可口的味道。这道菜肴将山药的爽脆口感与火龙果的酸甜口感融合在一起，同时这两种食材都具有促消化、清爽解腻的功用，因此这道创新菜肴兼具食用价值和药用价值。
菜肴配方	**主料**　铁棍山药 500 g、红色火龙果 500 g。
	配料与调辅料　盐 1 g、糖 50 g、白醋 30 g、小青柠 30 g。
菜肴制作流程	**（一）原料初处理**（图 2-1-6-2） 山药去皮，入蒸箱蒸制 50 min，切成约 12 cm×4 cm×4 cm 的条状，用刮皮刀刮成薄片；火龙果用榨汁机榨成果浆；小青柠对半切开。 **（二）火龙果果浆的调制**（图 2-1-6-3） 将盐、糖、白醋、小青柠加入榨好的果浆中，制成酸甜适口的火龙果果浆。 **（三）腌渍**（图 2-1-6-4） 将切好的山药片加入果浆中腌渍 30 min。 **（四）装盘**（图 2-1-6-5） 将腌渍好的山药卷成卷，装盘即可。

续表

菜肴的创新设计	同学们,请以火龙果浆渍山药这道菜肴为例,将山药等薯类原料,搭配其他独特新颖的原料,创新设计出一道新颖的菜肴,并在下面的表格中填写你设计菜肴的配方与制作流程。 1. 菜肴名称:_____ 2. 菜肴配方 <table><tr><td>原料名称</td><td>用量</td></tr></table> 3. 制作流程

图 2-1-6-1　火龙果浆渍山药

图 2-1-6-2　原料初处理

图 2-1-6-3　火龙果果浆的调制　　　　　　　　图 2-1-6-4　腌渍

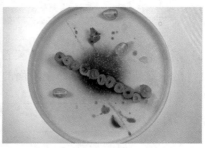

图 2-1-6-5　装盘

心得与评价

1. 请大家在下面写一写自己在创新设计与制作菜肴中的感受（包括你的困惑、你怎样解决困惑、你解决不掉的困惑、技术上遇到的瓶颈、失败的案例、解决问题时你头脑中迸发的灵感、你到达成功彼岸的方法等）

2. 老师的评价（请老师为你填写）

3. 同学们的评价（至少请 3 位同学为你填写）

4. 行业专家的评价

实训报告与考核标准

❶ 实训报告

实训时间		指导老师	
一、实训内容与过程记述			

续表

二、实训结果与产品质量

三、实训总结与体会

（详细总结自己的收获，针对本次实训有何想法？有何不足？怎样去弥补本次不足）

❷ 考核标准

（1）技能考核标准

序号	核分项目	标准分数	得分数
1	创新点运用与产品质量	60	
2	刀工技术	10	
3	调味水平	10	
4	火候掌握	10	
5	操作时间（60分钟）	10	
6	总分		

（2）能力与评价得分

项目	创新与技能	通用能力	小组互评	老师评价
标准分数	70	10	10	10
得分数				
总分				

考核说明：

创新与技能：学生的创新点运用与操作标准，根据完成情况打分。

通用能力：包括出勤（按时到岗、学习准备就绪），衣着，行为规范（自觉遵守纪律、有责任心和荣誉感），学习态度（积极主动、不怕困难、勇于探索），团队分工合作（能融入集体、愿意接受任务并积极完成）。实行扣分制，根据情况扣1~6分。

小组互评：值周小组对各小组任务完成的整体情况进行评价，按照优秀10分、良好8分、合格6分、不合格4分的标准进行打分，计入每个组员的成绩中。

老师评价：老师对各小组任务完成的整体情况进行评价，按照优秀10分、良好8分、合格6分、不合格4分的标准进行打分，计入每个组员的成绩中。

学生成长日记

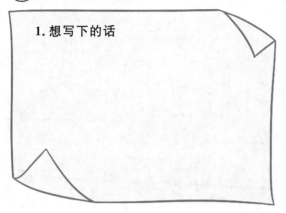

1. 想写下的话

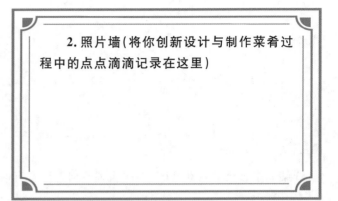

　　2. 照片墙（将你创新设计与制作菜肴过程中的点点滴滴记录在这里）

任务 7 食材搭配创新法应用 2

扫码看课件

自主学习任务单

	任务名称	食材搭配创新法应用 2
	案例	小紫茄捞竹蛏
自学内容、方法与建议	学习目标	1. 知识与技能目标 （1）了解小紫茄和竹蛏的营养价值与功效。 （2）掌握小紫茄捞竹蛏的制作方法。 （3）了解本道菜肴的制作方法与产品要求，通过食材搭配创新法的应用，搭配其他独特新颖的原料，创新设计并制作出新的菜肴品种。 2. 过程与方法目标 （1）掌握中式菜肴创新设计方法食材搭配创新法的应用。 （2）了解菜肴烹调技法——捞汁的操作过程。 3. 道德情感与价值观目标 （1）操作过程中精益求精，菜肴质量力求完美，培养自己的工匠意识。 （2）节约食材，不浪费，做到物尽其用。 （3）学习过程中能够与其他同学紧密合作，及时沟通，提升自身团队合作意识。 （4）勤洗手，戴好口罩，配合国家防疫及卫生要求。 （5）操作过程符合食品加工卫生要求，培养良好的卫生习惯。 4. 学习重点和难点 （1）重点：利用食材搭配创新法设计创新菜肴。 解析：将各种不同属性的原料大胆组配，通过营养的设计、味道的组合、口感的搭配、颜色的匹配，设计出新颖的菜肴。 （2）难点：小紫茄的炸制。 解析：小紫茄要炸制得刚刚好，不能炸过火，也不可炸不熟，炸制时间与火力要掌握好。

续表

自学内容、方法与建议	学习方法与建议	1. 充分学习学案与微课，通过数字教学资源学习菜肴制作。 2. 各组同学之间多沟通，发现自身问题与对方的问题，集思广益，解决问题。 3. 在烹饪专业微信群中多向已经毕业并正在行业工作的学长提问，听取意见。 4. 不到万不得已不向教师提问，尽量自行解决问题。 5. 多做多练多动脑。
	信息化环境要求	1. 拥有能够扫码与上网的智能手机或平板电脑。 2. 以班级为单位建立微信群，便于经验交流。 3. 至少邀请一名行业专家进入微信群，以便能够随时为群中的学生们提供帮助，及时做出评价。

学习任务	学习任务	学习内容与过程	学习方法建议与提示
学习任务	了解菜肴	阅读学案，学习技能案例。	找出并突破重点与难点，灵活思考，激发自己的创新灵感。
	微课自学	扫描二维码，观看微课视频，自主学习并反复练习。	按照微课的教学任务逐步操作，通过自主学习与练习，深度理解菜肴烹调技法的环节与关键点。
	创新设计菜肴	通过以上知识与技能的学习，找出创新点，根据食材搭配创新法的原则，将小紫茄搭配其他独特新颖的原料，创制出新的菜肴。	总结经验，互相交流，运用最有效率的学习方法完成菜肴创新设计任务。

练习与检测

　　自行思考、交流、练习，遇到难点先不要问老师，要学会自主地去解决问题，解决不了的问题标记出来，在课堂实践中提问并讨论，大家一起在老师的帮助下解决问题。

交流与反馈

　　同学们，完成学习任务的过程中你有没有遇到困难呢？如果有的话，可以在烹饪专业微信群里进行交流，也可以给学长留言。

　　每个人遇到的问题都会有所不同，大家可以互相帮助，说出你的见解。对于认真交流和反馈，或者积极帮助他人的同学，老师将记录下来进行日常考核加分。

　　可以把做得比较成功的案例相片发到朋友圈，同学们视其品相优劣给出自己的"赞"，集"赞"较多的小组给予加分。

困惑与建议

　　1. 学习过程中遇到的问题或难点。
　　2. 对于微课自主学习的新模式，你有哪些感受？对于微课的内容，你还有什么改进意见吗？（如难度、语速、画面等）

自我评价	1. 是否认真完整地观看了老师制作的微课视频？（如果做到认真观看，请给自己加上 20 分） 2. 是否独立思考与学习，完成学习任务？（每独立思考并完成一个任务后，请给自己加上 20 分） 3. 你有几次在线反馈交流呢？（每次在线反馈交流后请给自己加上 5 分） 4. 对于微信群中其他同学提出的问题，你帮助解答了几次呢？（每解答一次请给自己加上 8 分） 5. 你集到的"赞"的数量。（1 个"赞"加 1 分） 你得到的总分为 _____

 自学学案

微课视频

了解菜肴	小紫茄捞竹蛏（图 2-1-7-1）。 传说在黑龙江江畔，渔民在阴雨季节没有干柴火，便以生鱼为主要食物，渔民先做好"醋盆"，再将鱼切片用醋汁捞着吃，由于当地盛产柴鱼，所以这种吃法被当地人俗称"捞财"，并流传出"少盐少醋多生食，捞福捞财捞健康"的俗语，这便是捞汁的起源。本道菜肴在凉拌紫茄的基础上，将黑龙江特产的小紫茄与竹蛏搭配，配合咸鲜香辣的调味汁腌渍入味，形成一道风味别致的新菜肴，属于食材搭配创新法。 小紫茄味道清香微甜，口感软绵，属于清淡味型食材，但其却具有像海绵一样能够吸取赋予其味道的特性。竹蛏味道极鲜，口感弹爽，与口感软绵、味道清淡的小紫茄搭配，一文一武，相得益彰。小紫茄富含纤维素、维生素、生物碱与花青素，竹蛏富含各种人体必需的氨基酸与微量元素，营养搭配也非常合理。
菜肴配方	**主料**：小紫茄 250 g、大竹蛏 200 g。 **配料与调辅料**：味精 3 g、糖 3 g、辣椒油 15 g、鸡粉 3 g、芝麻油 10 g、海鲜酱油 25 g、蚝油 8 g、小青柠 30 g、香葱 5 g。
菜肴制作流程	**（一）原料切配与初处理**（图 2-1-7-2） 小紫茄洗净置入六成热油锅中炸制成熟，捞出切去头尾，并从中间纵向破开；竹蛏洗净去沙煮熟，投入冰水中扒出内部的竹蛏肉；香葱绿叶切丝，用冷水泡卷；小青柠切开。 **（二）捞汁的调制**（图 2-1-7-3） 将辣椒油、芝麻油、海鲜酱油、蚝油、味精、鸡粉、糖、小青柠挤出的青柠汁、水 40 g 混合调制成捞汁。 **（三）腌渍与装盘**（图 2-1-7-4） 将炸好的小紫茄放入调味汁内浸泡 10 min 后装盘，将竹蛏肉放置于小紫茄上，浇上调制好的捞汁，用香葱叶丝装饰即可。

续表

菜肴的创新设计	同学们,请以小紫茄捞竹蛏这道菜肴为例,将小紫茄搭配其他独特新颖的原料,创新设计出一道新颖的菜肴,并在下面的表格中填写你设计菜肴的配方与制作流程。 1. 菜肴名称:＿＿＿＿＿＿＿＿＿＿＿＿＿＿＿＿ 2. 菜肴配方

原料名称	用量

3. 制作流程

图 2-1-7-1　小紫茄捞竹蛏

图 2-1-7-2　原料切配与初处理

图 2-1-7-3　捞汁的调制

图 2-1-7-4　腌渍与装盘

 心得与评价

1. 请大家在下面写一写自己在创新设计与制作菜肴中的感受(包括你的困惑、你怎样解决困惑、你解决不掉的困惑、技术上遇到的瓶颈、失败的案例、解决问题时你头脑中迸发的灵感、你到达成功彼岸的方法等)

2．老师的评价（请老师为你填写）

3．同学们的评价（至少请 3 位同学为你填写）

4．行业专家的评价

实训报告与考核标准

1 实训报告

实训时间		指导老师	
一、实训内容与过程记述			
二、实训结果与产品质量			

续表

三、实训总结与体会

（详细总结自己的收获，针对本次实训有何想法？有何不足？怎样去弥补本次不足）

❷ 考核标准

（1）技能考核标准

序号	核分项目	标准分数	得分数
1	创新点运用与产品质量	60	
2	刀工技术	10	
3	调味水平	10	
4	火候掌握	10	
5	操作时间（60 分钟）	10	
6	总分		

（2）能力与评价得分

项目	创新与技能	通用能力	小组互评	老师评价
标准分数	70	10	10	10
得分数				
总分				

考核说明：

创新与技能：学生的创新点运用与操作标准，根据完成情况打分。

通用能力：包括出勤（按时到岗、学习准备就绪），衣着，行为规范（自觉遵守纪律、有责任心和荣誉感），学习态度（积极主动、不怕困难、勇于探索），团队分工合作（能融入集体、愿意接受任务并积极完成）。实行扣分制，根据情况扣 1～6 分。

小组互评：值周小组对各小组任务完成的整体情况进行评价，按照优秀 10 分、良好 8 分、合格 6 分、不合格 4 分的标准进行打分，计入每个组员的成绩中。

老师评价：老师对各小组任务完成的整体情况进行评价，按照优秀 10 分、良好 8 分、合格 6 分、不合格 4 分的标准进行打分，计入每个组员的成绩中。

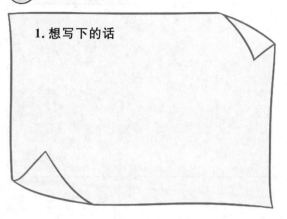

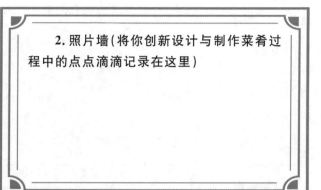

任务 8　味型变化法应用

扫码看课件

自主学习任务单

	任务名称	味型变化法应用
	案例	XO酱熏溏心鸭蛋
自学内容、方法与建议	学习目标	1.知识与技能目标 (1)掌握溏心蛋的煮制方法。 (2)掌握浸卤蛋调味汁的制作方法。 (3)掌握熏制的技巧。 (4)了解卤溏心鸭蛋的制作方法与产品要求,通过味型变化法的应用,改变其味型搭配,创新设计并制作出新的菜肴品种。 2.过程与方法目标 (1)掌握中式菜肴创新设计方法味型变化法的应用。 (2)了解菜肴烹调技法——浸卤、熏的操作过程。 3.道德情感与价值观目标 (1)操作过程中精益求精,菜肴质量力求完美,培养自己的工匠意识。 (2)节约食材,不浪费,做到物尽其用。 (3)学习过程中能够与其他同学紧密合作,及时沟通,提升自身团队合作意识。 (4)勤洗手,戴好口罩,配合国家防疫及卫生要求。 (5)操作过程符合食品加工卫生要求,培养良好的卫生习惯。 4.学习重点和难点 (1)重点:利用味型变化法设计创新菜肴。 解析:利用改变原菜肴的味道、风格与口感、质地来创造出新颖的菜肴。 (2)难点:溏心蛋的煮制。

自学内容、方法与建议	学习目标	解析:要用中火煮制鸭蛋,火候过小或过大都会影响鸭蛋的成型质量;煮过后的鸭蛋一定要马上投入冰水中降温,否则内部的余温会使鸭蛋的蛋黄过熟。
	学习方法与建议	1. 充分学习学案与微课,通过数字教学资源学习菜肴制作。 2. 各组同学之间多沟通,发现自身问题与对方的问题,集思广益,解决问题。 3. 在烹饪专业微信群中多向已经毕业并正在行业工作的学长提问,听取意见。 4. 不到万不得已不向教师提问,尽量自行解决问题。 5. 多做多练多动脑。
	信息化环境要求	1. 拥有能够扫码与上网的智能手机或平板电脑。 2. 以班级为单位建立微信群,便于经验交流。 3. 至少邀请一名行业专家进入微信群,以便能够随时为群中的学生们提供帮助,及时做出评价。

	学习任务	学习内容与过程	学习方法建议与提示
学习任务	了解菜肴	阅读学案,学习技能案例。	找出并突破重点与难点,灵活思考,激发自己的创新灵感。
	微课自学	扫描二维码,观看微课视频,自主学习并反复练习。	按照微课的教学任务逐步操作,通过自主学习与练习,深度理解菜肴烹调技法的环节与关键点。
	创新设计菜肴	通过以上知识与技能的学习,找出创新点,根据味型变化法应用的创新原则,改变其味型,创制出新的菜肴。	总结经验,互相交流,运用最有效率的学习方法完成菜肴创新设计任务。

练习与检测	自行思考、交流、练习,遇到难点先不要问老师,要学会自主地去解决问题,解决不了的问题标记出来,在课堂实践中提问并讨论,大家一起在老师的帮助下解决问题。
交流与反馈	同学们,完成学习任务的过程中你有没有遇到困难呢?如果有的话,可以在烹饪专业微信群里进行交流,也可以给学长留言。 每个人遇到的问题都会有所不同,大家可以互相帮助,说出你的见解。对于认真交流和反馈,或者积极帮助他人的同学,老师将记录下来进行日常考核加分。 可以把做得比较成功的案例相片发到朋友圈,同学们视其品相优劣给出自己的"赞",集"赞"较多的小组给予加分。
困惑与建议	1. 学习过程中遇到的问题或难点。 2. 对于微课自主学习的新模式,你有哪些感受?对于微课的内容,你还有什么改进意见吗?(如难度、语速、画面等)

续表

| 自我评价 | 1. 是否认真完整地观看了老师制作的微课视频？（如果做到认真观看，请给自己加上 20 分）
2. 是否独立思考与学习，完成学习任务？（每独立思考并完成一个任务后，请给自己加上 20 分）
3. 你有几次在线反馈交流呢？（每次在线反馈交流后请给自己加上 5 分）
4. 对于微信群中其他同学提出的问题，你帮助解答了几次呢？（每解答一次请给自己加上 8 分）
5. 你集到的"赞"的数量。（1 个"赞"加 1 分）
你得到的总分为 _____ |

微课视频

了解菜肴	XO 酱熏溏心鸭蛋（图 2-1-8-1）。 　　将新鲜的鸭蛋制成溏心蛋，再经过熏制、腌制，最后佐以无比鲜美的 XO 酱食用。本道菜肴在普通的卤溏心鸭蛋的基础上，增加烟熏的味道，并用 XO 酱作为锦上添花的点缀，从而创造出一道新的菜肴，属于味型变化法的创新菜手段。
菜肴配方	<table><tr><td>主料</td><td>鸭蛋 500 g。</td></tr><tr><td>配料与调辅料</td><td>盐 10 g、味精 5 g、糖 50 g、酱油 10 g、香菜 20 g、葱 15 g、姜 15 g、八角 6 g、小茴香 5 g、香叶 3 g、黄酒 10 g、红茶叶 6 g、黄瓜 150 g、XO 酱 100 g。</td></tr></table>
菜肴制作流程	（一）原料初处理（图 2-1-8-2） 　　鸭蛋洗净；葱、姜洗净切大块；红茶叶用水泡过捞出，沥净水分待用。 （二）溏心蛋的煮制（图 2-1-8-3） 　　1. 准备一盆冰水待用。 　　2. 锅中置水，水量为没过鸭蛋即可，将水烧至沸腾。 　　3. 将洗好的鸭蛋投入锅中，中火煮制 7 min，捞出后马上投入冰水中，避免蛋黄被余温加热过度。 　　4. 小心地把蛋壳去掉。 （三）浸卤汁的调制与鸭蛋的腌制（图 2-1-8-4） 　　1. 锅中置入 500 g 水，加入盐、味精、糖、酱油、黄酒、葱、姜、八角、小茴香、香叶与香菜，煮出香味后晾凉。 　　2. 将溏心鸭蛋放入浸卤汁中，浸泡至少 12 h。 （四）熏制（图 2-1-8-5） 　　1. 锅中加入糖、泡过的红茶叶，将剥好皮的溏心鸭蛋置于锅上。 　　2. 加热至有红烟冒出后，加盖，熏制 2 min。 （五）切配与装盘（图 2-1-8-6） 　　将熏好的鸭蛋用刀从中间切开，用黄瓜块垫底，将切好的鸭蛋置入盘中，并在其上放置一勺 XO 酱即可。

续表

菜肴的创新设计	同学们,请以 XO 酱熏溏心鸭蛋这道菜肴为例,改变其味型的搭配,创新设计出一道新的菜肴,并在下面的表格中填写你设计菜肴的配方与制作流程。 1. 菜肴名称:＿＿＿＿＿＿＿＿＿＿＿＿＿＿＿＿＿＿＿＿＿ 2. 菜肴配方 原料名称　　　　　　　　　　　　　　用量 3. 制作流程

图 2-1-8-1　XO 酱熏溏心鸭蛋

图 2-1-8-2　原料初处理

图 2-1-8-3　溏心蛋的煮制

图 2-1-8-4 浸卤汁的调制与鸭蛋的腌制

图 2-1-8-5 熏制

图 2-1-8-6 切配与装盘

心得与评价

1. 请大家在下面写一写自己在创新设计与制作菜肴中的感受（包括你的困惑、你怎样解决困惑、你解决不掉的困惑、技术上遇到的瓶颈、失败的案例、解决问题时你头脑中迸发的灵感、你到达成功彼岸的方法等）

2. 老师的评价（请老师为你填写）

3. 同学们的评价（至少请 3 位同学为你填写）

4. 行业专家的评价

实训报告与考核标准

① 实训报告

实训时间		指导老师	
一、实训内容与过程记述			
二、实训结果与产品质量			
三、实训总结与体会			
（详细总结自己的收获，针对本次实训有何想法？有何不足？怎样去弥补本次不足）			

❷ 考核标准

（1）技能考核标准

序号	核分项目	标准分数	得分数
1	创新点运用与产品质量	60	
2	刀工技术	10	
3	调味水平	10	
4	火候掌握	10	
5	操作时间（60分钟）	10	
6	总分		

（2）能力与评价得分

项目	创新与技能	通用能力	小组互评	老师评价
标准分数	70	10	10	10
得分数				
总分				

考核说明：

创新与技能：学生的创新点运用与操作标准，根据完成情况打分。

通用能力：包括出勤（按时到岗、学习准备就绪），衣着，行为规范（自觉遵守纪律、有责任心和荣誉感），学习态度（积极主动、不怕困难、勇于探索），团队分工合作（能融入集体、愿意接受任务并积极完成）。实行扣分制，根据情况扣1~6分。

小组互评：值周小组对各小组任务完成的整体情况进行评价，按照优秀10分、良好8分、合格6分、不合格4分的标准进行打分，计入每个组员的成绩中。

老师评价：老师对各小组任务完成的整体情况进行评价，按照优秀10分、良好8分、合格6分、不合格4分的标准进行打分，计入每个组员的成绩中。

小贴士：

同学们知道中国最好的鸭蛋产地是哪里吗？清代美食家袁枚曾说："腌蛋以高邮为佳，颜色红而油多。"下面，让我们一起来了解一下高邮的鸭蛋吧。

高邮鸭蛋是高邮地方鸭品种——高邮麻鸭所产。高邮麻鸭所产的蛋，蛋质细，黄油多，平均每个重105 g左右，比普通鸭蛋重约30 g。高邮鸭蛋以双黄最为独特，蛋黄色泽红润，油脂亦多，为其他地方鸭蛋所难以比拟。

每年清明节前，江苏高邮当地人将鸭蛋拿来腌制，一个月后即可取食。煮熟后的咸鸭蛋，颜色红而油多。"未识高邮人，先知高邮蛋""天上太阳月亮，高邮鸭蛋双黄"。双黄蛋作为高邮的"形象大使"，自古就是进贡朝廷和馈赠亲友的名优土特产。高邮咸鸭蛋有着千余年的历史传承。南北朝时期的《齐民要术》里有记载，苏州、扬州一带已大量腌制咸鸭蛋，而且可以久藏。高邮人养鸭、腌制咸鸭蛋之事，北宋文学家秦观的诗文中也有提及。他曾以鸭蛋馈赠其师友——时任徐州太守的苏东坡。据记载，早在乾隆年间高邮咸鸭蛋已经成为席上珍品。

清光绪三十一年(1905 年),高邮第一家蛋品企业——裕源蛋厂问世。1909 年,高邮双黄鸭蛋参加南洋劝业会陈赛,获得国际名产称誉,次年便远销美国、日本、新加坡、马来西亚等 10 多个国家和地区。1981 年,汪曾祺在《端午的鸭蛋》一文中回忆家乡高邮的咸鸭蛋:"我走的地方不少,所食鸭蛋多矣,但和我家乡的完全不能相比! 曾经沧海难为水,他乡咸鸭蛋,我实在瞧不上。"

除了高邮鸭蛋,我国还有很多鸭蛋的品种也是非常上乘的,比如说广西北海的北海鸭蛋、河北保定的白洋淀鸭蛋等。从一颗小小的鸭蛋当中,就可以体会到我们的祖国地大物博、物产丰富。在这片辽阔而又伟大的土地上,有数之不尽的特产食材需要我们去了解、去研究、去应用,我们作为国家未来的餐饮人,应该尽可能地多去了解我国的地貌、物产等相关知识,只有这样才能够使祖国的物产物尽其用,为祖国餐饮业的发展做出更多的贡献。

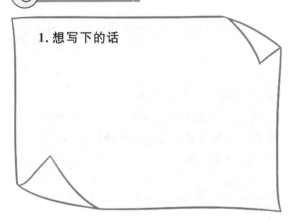

学生成长日记

1.想写下的话

2.照片墙(将你创新设计与制作菜肴过程中的点点滴滴记录在这里)

任务 9　食趣转化法应用

扫码看课件

自主学习任务单

	任务名称	食趣转化法应用1
自学内容、方法与建议	案例	劲爆酥黄菜
	学习目标	1.知识与技能目标 (1)掌握酥黄菜的制作。 (2)掌握糖浆的熬制。 (3)了解酥黄菜的制作方法与产品要求,通过食趣转化法的应用,运用其他手段增加食用菜肴的乐趣,创新设计并制作出新的菜肴品种。 2.过程与方法目标 (1)掌握中式菜肴创新设计方法食趣转换法的应用。 (2)了解菜肴烹调技法——拔丝的操作过程。

自学内容、方法与建议	学习目标	3．道德情感与价值观目标 （1）操作过程中精益求精,菜肴质量力求完美,培养自己的工匠意识。 （2）节约食材,不浪费,做到物尽其用。 （3）学习过程中能够与其他同学紧密合作,及时沟通,提升自身团队合作意识。 （4）勤洗手,戴好口罩,配合国家防疫及卫生要求。 （5）操作过程符合食品加工卫生要求,培养良好的卫生习惯。 4．学习重点和难点 （1）重点:利用食趣转换化设计创新菜肴。 解析:增加食客在饮食中的乐趣,切入点可以为食客的口感、听觉、视觉与嗅觉,使食客在享受美食的同时感受到与众不同的乐趣,从而创新菜肴。 （2）难点:酥黄菜的制作。 解析:在制作蛋皮时,蛋液与淀粉的比例要掌握好,火候掌握要适度,切配时要大小一致、薄厚均匀,这样在炸制的时候才能做到成品形状统一,成熟度一致;蛋皮对折的时机要准确,过早会使蛋皮完全粘连,导致在炸制的时候蛋皮不膨胀;过晚蛋皮不会粘连,导致炸制时蛋皮分离。
	学习方法与建议	1．充分学习学案与微课,通过数字教学资源学习菜肴制作。 2．各组同学之间多沟通,发现自身问题与对方的问题,集思广益,解决问题。 3．在烹饪专业微信群中多向已经毕业并正在行业工作的学长提问,听取意见。 4．不到万不得已不向教师提问,尽量自行解决问题。 5．多做多练多动脑。
	信息化环境要求	1．拥有能够扫码与上网的智能手机或平板电脑。 2．以班级为单位建立微信群,便于经验交流。 3．至少邀请一名行业专家进入微信群,以便能够随时为群中的学生们提供帮助,及时做出评价。

	学习任务	学习内容与过程	学习方法建议与提示
学习任务	了解菜肴	阅读学案,学习技能案例。	找出并突破重点与难点,灵活思考,激发自己的创新灵感。
	微课自学	扫描二维码,观看微课视频,自主学习并反复练习。	按照微课的教学任务逐步操作,通过自主学习与练习,深度理解菜肴烹调技法的环节与关键点。
	创新设计菜肴	通过以上知识与技能的学习,找出创新点,根据食趣转化法的创新原则,运用其他手段增加食用菜肴的乐趣,创制出新的菜肴。	总结经验,互相交流,运用最有效率的学习方法完成菜肴创新设计任务。

续表

练习与检测	自行思考、交流、练习,遇到难点先不要问老师,要学会自主地去解决问题,解决不了的问题标记出来,在课堂实践中提问并讨论,大家一起在老师的帮助下解决问题。
交流与反馈	同学们,完成学习任务的过程中你有没有遇到困难呢? 如果有的话,可以在烹饪专业微信群里进行交流,也可以给学长留言。 　　每个人遇到的问题都会有所不同,大家可以互相帮助,说出你的见解。对于认真交流和反馈,或者积极帮助他人的同学,老师将记录下来进行日常考核加分。 　　可以把做得比较成功的案例相片发到朋友圈,同学们视其品相优劣给出自己的"赞",集"赞"较多的小组给予加分。
困惑与建议	1. 学习过程中遇到的问题或难点。 　　2. 对于微课自主学习的新模式,你有哪些感受? 对于微课的内容,你还有什么改进意见吗?(如难度、语速、画面等)
自我评价	1. 是否认真完整地观看了老师制作的微课视频?(如果做到认真观看,请给自己加上 20分) 　　2. 是否独立思考与学习,完成学习任务?(每独立思考并完成一个任务后,请给自己加上20 分) 　　3. 你有几次在线反馈交流呢?(每次在线反馈交流后请给自己加上 5 分) 　　4. 对于微信群中其他同学提出的问题,你帮助解答了几次呢?(每解答一次请给自己加上8 分) 　　5. 你集到的"赞"的数量。(1 个"赞"加 1 分) 　　你得到的总分为_____

 自学学案

微课视频

了解菜肴		劲爆酥黄菜(图 2-1-9-1)。 　　在传统菜肴酥黄菜的基础上,加入口感绵软的棉花糖与口感劲爆的跳跳糖,使食客在享用美食的过程中体验与众不同的乐趣,从而创作出一道新颖的菜肴,属于食趣转化法。
菜肴配方	主料	鸡蛋 200 g。
	配料与调辅料	糖 200 g、食用油 1000 g、淀粉 100 g、棉花糖 150 g、跳跳糖 150 g。

菜肴制作流程	（一）原料初处理（图 2-1-9-2） 淀粉用清水浸泡至全部沉淀；鸡蛋搅打至蛋液均匀扩散。 （二）蛋皮的制作（图 2-1-9-3） 1. 将泡过的淀粉加入蛋液中，搅拌均匀。 2. 锅中置少量油，将 90％蛋液倒入锅中，小火下入，慢慢转动炒锅，使蛋液在锅中逐渐形成一张薄厚均匀的蛋皮。 3. 将蛋皮上下对折并盛出，置于砧板上，切除比较薄的边缘部分，切成约 2 cm×2 cm 的菱形。 4. 将切好的菱形蛋皮倒入剩下的 10％的蛋液中。 （三）炸制（图 2-1-9-4） 锅中置油，将切配好的蛋皮冷油下入锅中，中小火加热，慢慢炸至蛋皮逐渐膨胀，表皮呈金黄色并完全酥脆，捞出沥油待用。 （四）糖浆的熬制（图 2-1-9-5） 锅中置入少量底油，加入糖，用油熬的手法小火加热，使糖逐渐熔化至糖浆状态，颜色熬至金黄色并且糖浆中无气泡产生时下入炸制好的蛋皮，反复颠翻炒锅至所有糖浆皆均匀地包裹在蛋皮表面即可出锅。 （五）装盘（图 2-1-9-6） 将棉花糖置于盘底，用喷火枪微烤后，趁热将酥黄菜置于棉花糖上，撒入跳跳糖即可。
菜肴的创新设计	同学们，请以劲爆酥黄菜这道菜肴为例，运用酥黄菜的烹调技法——拔丝，并运用其他手段增加食用菜肴的乐趣，创新设计出一道新颖的菜肴，并在下面的表格中填写你设计菜肴的配方与制作流程。 1. 菜肴名称：_____ 2. 菜肴配方 原料名称　　　　　　　　　　用量 3. 制作流程

图 2-1-9-1 劲爆酥黄菜

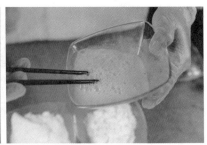

图 2-1-9-2 原料初处理

图 2-1-9-3 蛋皮的制作

图 2-1-9-4 炸制

图 2-1-9-5 糖浆的熬制

图 2-1-9-6 装盘

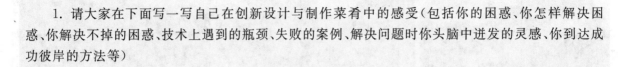

心得与评价

1. 请大家在下面写一写自己在创新设计与制作菜肴中的感受（包括你的困惑、你怎样解决困惑、你解决不掉的困惑、技术上遇到的瓶颈、失败的案例、解决问题时你头脑中迸发的灵感、你到达成功彼岸的方法等）

2. 老师的评价（请老师为你填写）

3. 同学们的评价（至少请 3 位同学为你填写）

4. 行业专家的评价

实训报告与考核标准

❶ 实训报告

实训时间		指导老师	
一、实训内容与过程记述			

续表

二、实训结果与产品质量
三、实训总结与体会
(详细总结自己的收获,针对本次实训有何想法？有何不足？怎样去弥补本次不足)

❷ **考核标准**

（1）技能考核标准

序号	核分项目	标准分数	得分数
1	创新点运用与产品质量	60	
2	刀工技术	10	
3	调味水平	10	
4	火候掌握	10	
5	操作时间(60分钟)	10	
6	总分		

（2）能力与评价得分

项目	创新与技能	通用能力	小组互评	老师评价
标准分数	70	10	10	10
得分数				
总分				

考核说明：

创新与技能:学生的创新点运用与操作标准,根据完成情况打分。

通用能力:包括出勤(按时到岗、学习准备就绪),衣着,行为规范(自觉遵守纪律、有责任心和荣誉感),学习态度(积极主动、不怕困难、勇于探索),团队分工合作(能融入集体、愿意接受任务并积极完成)。实行扣分制,根据情况扣1～6分。

小组互评:值周小组对各小组任务完成的整体情况进行评价,按照优秀10分、良好8分、合格6分、不合格4分的标准进行打分,计入每个组员的成绩中。

老师评价:老师对各小组任务完成的整体情况进行评价,按照优秀10分、良好8分、合格6分、不合格4分的标准进行打分,计入每个组员的成绩中。

学生成长日记

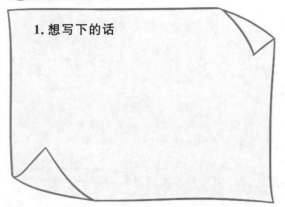

1. 想写下的话

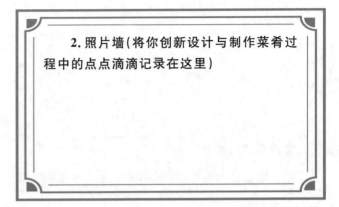

　　2. 照片墙（将你创新设计与制作菜肴过程中的点点滴滴记录在这里）

西式菜肴创新方法应用与实践

任务 1 西式面点借鉴法应用 1

扫码看课件

 自主学习任务单

	任务名称	西式面点借鉴法应用 1
	案例	惠灵顿鸡排佐奶汁
自学内容、方法与建议	学习目标	1. 知识与技能目标 （1）学会酥皮的区分。 （2）学会低温料理操作及温度的控制。 （3）掌握酥皮包制方法。 （4）了解惠灵顿牛排的制作方法与产品要求,通过西式面点借鉴法的应用,创新设计并制作出新的菜肴品种。 2. 过程与方法目标 （1）掌握西式菜肴创新设计方法,运用西式面点借鉴法,使菜肴更加符合中国人的口味。 （2）了解菜肴烹调技法——烤的操作过程。 3. 道德情感与价值观目标 （1）操作过程中精益求精,菜肴质量力求完美,培养自己的工匠意识。 （2）节约食材,不浪费,做到物尽其用。 （3）学习过程中能够与其他同学紧密合作,及时沟通,提升自身团队合作意识。 （4）勤洗手,戴好口罩,配合国家防疫及卫生要求。 （5）操作过程符合食品加工卫生要求,培养良好的卫生习惯。 4. 学习重点和难点 （1）鸡肝腌制时,血水若没有浸泡出则腥味重,口感差。 （2）鸡枞菌酱一定炒出水分、炒干,若水分过多酥皮容易裂开。 （3）奶汁熬制时要用小火,不能炒上色,否则影响酱汁的颜色。 （4）掌握好鸡肉冷藏及烤制时间与温度,否则会影响鸡肉的口感。
	学习方法与建议	1. 充分学习学案与微课,通过数字教学资源学习菜肴制作。 2. 各组同学之间多沟通,发现自身问题与对方的问题,集思广益,解决问题。 3. 在烹饪专业微信群中多向已经毕业并正在行业工作的学长提问,听取意见。 4. 不到万不得已不向教师提问,尽量自行解决问题。 5. 多做多练多动脑。

续表

自学内容、方法与建议	信息化环境要求	1. 拥有能够扫码与上网的智能手机或平板电脑。 2. 以班级为单位建立微信群,便于经验交流。 3. 至少邀请一名行业专家进入微信群,以便能够随时为群中的学生们提供帮助,及时做出评价。	
学习任务	学习任务	学习内容与过程	学习方法建议与提示
	了解菜肴	阅读学案,学习技能案例。	找出并突破重点与难点,灵活思考,激发自己的创新灵感。
	微课自学	扫描二维码,观看微课视频,自主学习并反复练习。	按照微课的教学任务逐步操作,通过自主学习与练习,深度理解菜肴烹调技法的环节与关键点。
	创新设计菜肴	通过以上知识与技能的学习,找出创新点,根据西式面点借鉴法的创新原则,在惠灵顿牛排的基础上,创制出新的菜肴。	总结经验,互相交流,运用最有效率的学习方法完成菜肴创新设计任务。
练习与检测		自行思考、交流、练习,遇到难点先不要问老师,要学会自主地去解决问题,解决不了的问题标记出来,在课堂实践中提问并讨论,大家一起在老师的帮助下解决问题。	
交流与反馈		同学们,完成学习任务的过程中你有没有遇到困难呢?如果有的话,可以在烹饪专业微信群里进行交流,也可以给学长留言。 每个人遇到的问题都会有所不同,大家可以互相帮助,说出你的见解。对于认真交流和反馈,或者积极帮助他人的同学,老师将记录下来进行日常考核加分。 可以把做得比较成功的案例相片发到朋友圈,同学们视其品相优劣给出自己的"赞",集"赞"较多的小组给予加分。	
困惑与建议		1. 学习过程中遇到的问题或难点。 2. 对于微课自主学习的新模式,你有哪些感受?对于微课的内容,你还有什么改进意见吗?(如难度、语速、画面等)	
自我评价		1. 是否认真完整地观看了老师制作的微课视频?(如果做到认真观看,请给自己加上 20 分) 2. 是否独立思考与学习,完成学习任务?(每独立思考并完成一个任务后,请给自己加上 20 分) 3. 你有几次在线反馈交流呢?(每次在线反馈交流后请给自己加上 5 分)	

续表

自我评价	4. 对于微信群中其他同学提出的问题,你帮助解答了几次呢?(每解答一次请给自己加上8分) 5. 你集到的"赞"的数量。(1 个"赞"加 1 分) 你得到的总分为＿＿＿＿＿＿＿＿＿＿＿＿＿＿＿

自学学案

微课视频

了解菜肴	惠灵顿鸡排佐奶汁(图 2-2-1-1)。 　　本道菜肴在传统的惠灵顿牛排基础上,借鉴西点中的酥皮组合成一道新的菜肴。鸡肉采用低温料理方式达到全熟,鸡肉代替牛肉减少了油脂的摄入量;本地鸡肝代替鹅肝,减少油脂摄入的同时更符合中国人的口味需求;鸡枞菌代替口蘑,增加了鸡枞菌的香味,与鸡肉相得益彰。西点中大多数都是甜酥皮,而本道菜肴采用的是咸酥皮,增加了菜肴的香味,搭配奶汁使菜肴口感更加丰富,乳香浓郁。
菜肴配方	**主料** 　　咸口酥皮 2 张、鸡胸肉 250 g、鸡肝 100 g、鸡枞菌 150 g、杂干果碎 30 g、烟熏火腿片 5 片。
	配料与调辅料 　　盐 6 g、糖 5 g、黑胡椒碎 4 g、洋葱 10 g、香叶 1 片、黄油 15 g、白兰地 20 mL、干白葡萄酒 5 mL、牛奶 600 mL、鲜百里香 1 g、鲜柠檬 1 片、迷迭香 1 g。 　　奶汁原料:牛奶 200 mL、黄油 10 g、面粉 10 g、盐 2 g、细砂糖 3 g、香叶 1 片、丁香 1 粒、白胡椒粒 4 粒、淡奶油 35 mL。
菜肴制作流程	(一) 奶汁的制作(图 2-2-1-2) 　　1. 锅中加入洋葱炒出水分,再加入黄油、面粉小火炒均匀,面粉不能炒上色。 　　2. 加香叶、丁香、白胡椒粒炒均匀,分次加入牛奶搅拌均匀煮微沸,边搅拌边加入淡奶油,煮稠即可。 　　(二) 鸡胸肉制作 　　1. 入香叶、干白葡萄酒、盐、糖、百里香、柠檬片混合均匀,放入鸡胸肉腌制 15 min(图 2-2-1-3)。 　　2. 水入锅加热水温至 68 ℃,低温煮鸡胸肉 20 min 备用(图 2-2-1-4)。 　　(三) 辅料处理 　　1. 鸡肝用牛奶泡制 3 h,泡出血水备用(图 2-2-1-5)。 　　2. 鸡肝片大片,取出筋膜(图 2-2-1-6)。 　　3. 锅中加入少许黄油,放入鸡肝,撒上黑胡椒碎、盐,放入白兰地煮出酒味,煎至上色翻面,撒上黑胡椒碎、盐调味,两面煎至上色即可备用(图 2-2-1-7)。 　　4. 鸡枞菌、白洋葱切碎备用,锅中加入黄油,炒香洋葱,加入鸡枞菌炒出水分,加入黑胡椒碎、盐、糖、杂干果碎,炒均匀调味即可(图 2-2-1-8)。

菜肴制作流程	（四）菜肴成型 1. 火腿上依次放上鸡枞菌酱、煎制好的鸡肝、修好形状的鸡胸肉，用保鲜膜包紧放入冰箱冷藏定型（图 2-2-1-9）。 2. 将冷藏定型的肉坯放在酥皮上进行包裹，定型，刷上蛋液（图 2-2-1-10）。 3. 烤箱预热 180 ℃，放入酥皮包裹好的肉坯，烤制 15 min 即可出锅装盘（图 2-2-1-11）。
菜肴的创新设计	同学们，请以惠灵顿鸡排佐奶汁这道菜肴为例，通过面点借鉴法的应用，创新设计出一道新颖的菜肴，并在下面的表格中填写你设计菜肴的配方与制作流程。 1. 菜肴名称：_____ 2. 菜肴配方 原料名称　　　　　　　　　　　　　　　用量 3. 制作流程

图 2-2-1-1　惠灵顿鸡排佐奶汁

图 2-2-1-2　奶汁的制作

图 2-2-1-3　腌制鸡胸肉

图 2-2-1-4　煮鸡胸肉

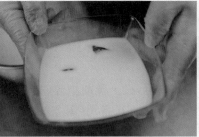

图 2-2-1-5　腌制鸡肝

图 2-2-1-6　片鸡肝

图 2-2-1-7　煎制鸡肝

图 2-2-1-8　炒制鸡枞菌酱

图 2-2-1-9　整形

图 2-2-1-10　定型

图 2-2-1-11　出炉

心得与评价

1. 请大家在下面写一写自己在创新设计与制作菜肴中的感受（包括你的困惑、你怎样解决困惑、你解决不掉的困惑、技术上遇到的瓶颈、失败的案例、解决问题时你头脑中迸发的灵感、你到达成功彼岸的方法等）

2. 老师的评价（请老师为你填写）

3. 同学们的评价（至少请 3 位同学为你填写）

4. 行业专家的评价

实训报告与考核标准

❶ 实训报告

实训时间		指导老师	
一、实训内容与过程记述			
二、实训结果与产品质量			
三、实训总结与体会			
(详细总结自己的收获,针对本次实训有何想法?有何不足?怎样去弥补本次不足)			

❷ 考核标准

（1）技能考核标准

序号	核分项目	标准分数	得分数
1	创新点运用与产品质量	60	
2	刀工技术	10	
3	调味水平	10	
4	火候掌握	10	
5	操作时间（60分钟）	10	
6	总分		

（2）能力与评价得分

项目	创新与技能	通用能力	小组互评	老师评价
标准分数	70	10	10	10
得分数				
总分				

考核说明：

创新与技能：学生的创新点运用与操作标准，根据完成情况打分。

通用能力：包括出勤（按时到岗、学习准备就绪），衣着，行为规范（自觉遵守纪律、有责任心和荣誉感），学习态度（积极主动、不怕困难、勇于探索），团队分工合作（能融入集体、愿意接受任务并积极完成）。实行扣分制，根据情况扣 1～6 分。

小组互评：值周小组对各小组任务完成的整体情况进行评价，按照优秀 10 分、良好 8 分、合格 6 分、不合格 4 分的标准进行打分，计入每个组员的成绩中。

老师评价：老师对各小组任务完成的整体情况进行评价，按照优秀 10 分、良好 8 分、合格 6 分、不合格 4 分的标准进行打分，计入每个组员的成绩中。

学生成长日记

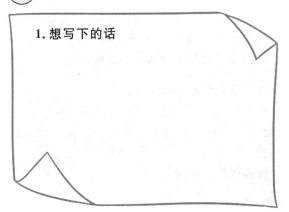

1.想写下的话

2.照片墙（将你创新设计与制作菜肴过程中的点点滴滴记录在这里）

任务 2　西式面点借鉴法应用 2

扫码看课件

自主学习任务单

自学内容、方法与建议	任务名称	西式面点借鉴法应用 2
	案例	鸡肝酱黑醋咸塔
	学习目标	1. 知识与技能目标 （1）学会西点混酥皮的制作方法。 （2）学会借鉴西式面点与西式菜肴组合方法。 （3）掌握鸡肝酱慕斯咸塔的制作方法。 （4）了解塔壳类点心的制作方法与产品要求，通过西式面点借鉴法的应用，创新设计并制作出新的菜肴品种。

续表

<table>
<tr><td rowspan="3">自学内容、方法与建议</td><td rowspan="1">学习目标</td><td>2. 过程与方法目标
（1）掌握西式菜肴创新设计方法，运用西式面点借鉴法，增加味蕾的饱和度，在盘饰上改变造型。
（2）了解菜肴烹调技法——烤的操作过程。
3. 道德情感与价值观目标
（1）操作过程中精益求精，菜肴质量力求完美，培养自己的工匠意识。
（2）节约食材，不浪费，做到物尽其用。
（3）学习过程中能够与其他同学紧密合作，及时沟通，提升自身团队合作意识。
（4）勤洗手，戴好口罩，配合国家防疫及卫生要求。
（5）操作过程符合食品加工卫生要求，培养良好的卫生习惯。
4. 学习重点和难点
（1）塔皮若太厚影响塔壳的口感，增加烘焙时间，厚度以 3 mm 为最佳。
（2）塔皮要放入冰箱冷藏，因塔皮油脂含量大，若不冷藏，在制作过程中容易变形。
（3）在烤制过程中塔皮会有气体冒出，若不扎孔表面会鼓泡，影响其外观。
（4）鸡肝浸泡时间过短，鸡肝中的血水没有除去，会有异味产生。
（5）鸡肝筋膜没有去除干净会影响鸡肝酱的口感。
（6）橄榄油冷藏，温度高则球体不成形，温度低则球体成形不美观。</td></tr>
<tr><td>学习方法与建议</td><td>1. 充分学习学案与微课，通过数字教学资源学习菜肴制作。
2. 各组同学之间多沟通，发现自身问题与对方的问题，集思广益，解决问题。
3. 在西餐烹饪专业微信群中多向已经毕业并正在行业工作的学长提问，听取意见。
4. 不到万不得已不向教师提问，尽量自行解决问题。
5. 多做多练多动脑。</td></tr>
<tr><td>信息化环境要求</td><td>1. 拥有能够扫码与上网的智能手机或平板电脑。
2. 以班级为单位建立微信群，便于经验交流。
3. 至少邀请一名行业专家进入微信群，以便能够随时为群中的学生们提供帮助，及时做出评价。</td></tr>
<tr><td rowspan="4">学习任务</td><td>学习任务</td><td>学习内容与过程</td><td>学习方法建议与提示</td></tr>
<tr><td>了解菜肴</td><td>阅读学案，学习技能案例。</td><td>找出并突破重点与难点，灵活思考，激发自己的创新灵感。</td></tr>
<tr><td>微课自学</td><td>扫描二维码，观看微课视频，自主学习并反复练习。</td><td>按照微课的教学任务逐步操作，通过自主学习与练习，深度理解菜肴烹调技法的环节与关键点。</td></tr>
<tr><td>创新设计菜肴</td><td>通过以上知识与技能的学习，找出创新点，根据西式面点借鉴法的创新原则，在塔壳类点心的基础上，创制出新的菜肴。</td><td>总结经验，互相交流，运用最有效率的学习方法完成菜肴创新设计任务。</td></tr>
</table>

续表

练习与检测	自行思考、交流、练习,遇到难点先不要问老师,要学会自主地去解决问题,解决不了的问题标记出来,在课堂实践中提问并讨论,大家一起在老师的帮助下解决问题。
交流与反馈	同学们,完成学习任务的过程中你有没有遇到困难呢? 如果有的话,可以在烹饪专业微信群里进行交流,也可以给学长留言。 　　每个人遇到的问题都会有所不同,大家可以互相帮助,说出你的见解。对于认真交流和反馈或者积极帮助他人的同学,老师将记录下来进行日常考核加分。 　　可以把做得比较成功的案例相片发到朋友圈,同学们视其品相优劣给出自己的"赞",集"赞"较多的小组给予加分。
困惑与建议	1. 学习过程中遇到的问题或难点。 　　2. 对于微课自主学习的新模式,你有哪些感受? 对于微课的内容,你还有什么改进意见吗? (如难度、语速、画面等)
自我评价	1. 是否认真完整地观看了老师制作的微课视频? (如果做到认真观看,请给自己加上 20 分) 　　2. 是否独立思考与学习,完成学习任务? (每独立思考并完成一个任务后,请给自己加上 20 分) 　　3. 你有几次在线反馈交流呢? (每次在线反馈交流后请给自己加上 5 分) 　　4. 对于微信群中其他同学提出的问题,你帮助解答了几次呢? (每解答一次请给自己加上 8 分) 　　5. 你集到的"赞"的数量。(1 个"赞"加 1 分) 　　你得到的总分为 ＿＿＿＿＿＿＿＿＿＿＿＿＿＿＿

 自学学案

微课视频

了解菜肴	鸡肝酱黑醋咸塔(图 2-2-2-1)。 　　本道菜肴是借鉴西式面点中的塔壳类点心组合而成的一款西式前菜。搭配流行的自制黑醋鱼籽酱,使其酸甜可口,达到开胃菜肴标准。西式面点塔壳作为鸡肝慕斯的盛装器皿,减少鸡肝酱油腻感的同时增加了鸡肝酱慕斯的口感,塔壳外表酥脆,鸡肝酱绵软可口,两者组合可增加食客味蕾的独特感觉。	
菜肴配方	主料	低筋面粉 100 g、生鸡肝 250 g。
	配料与调辅料	塔壳:动物黄油 50 g、糖粉 9 g、盐 2 g。鸡肝酱:牛奶 150 mL、盐 5 g、糖 3.5 g、黑胡椒 5 g、淡奶油 100 g、吉利丁片 2.5 g。黑醋鱼籽酱:意大利黑醋 20 mL、吉利丁片 5 g、橄榄油 150 g。原料见图 2-2-2-2。

续表

菜肴制作流程	（一）塔壳制作 1. 混合面粉、糖粉过筛,加盐,常温黄油与粉类混合,搓至颗粒状,加入全蛋液,揉至成团(图2-2-2-3)。 2. 将步骤1面团擀成3 mm薄片,放入冰箱冷藏20 min定型(图2-2-2-4)。 3. 将步骤2面片取出,放入塔圈内,成型后去除多余塔皮(图2-2-2-5)。 4. 塔皮放入烤盘底部,用叉子扎几个孔,继续放入冰箱备用(图2-2-2-6)。 5. 取出步骤4塔皮放入烤箱,烤制18 min成熟即可(图2-2-2-7)。 （二）鸡肝酱制作 1. 鸡肝去筋膜(图2-2-2-8),清洗干净,吸干水分,倒入牛奶中浸泡5 h以上。 2. 捞出步骤1鸡肝吸干水分,放入真空袋,加入黑胡椒、橄榄油,62 ℃低温料理1.5 h(图2-2-2-9)。 3. 吉利丁片冰水泡软。 4. 混合盐、糖、淡奶油备用。 5. 淡奶油25 g加热至60 ℃放入泡好的吉利丁片,搅拌至完全熔化。 6. 取出低温煮好的鸡肝,连同袋子里的油脂一起倒入搅拌机,加入步骤4和步骤5的所有原料一起搅拌,过筛,使鸡肝更加细腻顺滑(图2-2-2-10)。 7. 将步骤6液态鸡肝慕斯倒入冷却好的塔壳中,放入冰箱冷藏2 h以上(图2-2-2-11)。 （三）黑醋鱼籽酱制作 1. 橄榄油放入冰箱冷藏至1 ℃。 2. 加热黑醋至60 ℃,加入泡软的吉利丁片搅拌熔化(图2-2-2-12)。 3. 将降温至35 ℃的步骤2原料吸进滴管,滴进橄榄油中,捞出冷藏(图2-2-2-13)。 4. 将制作好的原料组合在一起摆盘即可(图2-2-2-14)。
菜肴的创新设计	同学们,请以鸡肝酱黑醋咸塔这道菜肴为例,通过西式面点借鉴法的应用,创新设计出一道新颖的菜肴,并在下面的表格中填写你设计菜肴的配方与制作流程。 1. 菜肴名称:＿＿＿＿＿＿＿＿＿＿＿＿＿＿＿＿＿ 2. 菜肴配方 原料名称　　　　　　　　　　　用量 3. 制作流程

图 2-2-2-1 鸡肝酱黑醋咸塔

图 2-2-2-2 原料

图 2-2-2-3 制作面团

图 2-2-2-4 擀制薄片

图 2-2-2-5 去除多余塔皮

图 2-2-2-6 扎孔

图 2-2-2-7 塔皮烤制完成

图 2-2-2-8 鸡肝去筋膜

图 2-2-2-9 低温料理鸡肝

图 2-2-2-10 搅拌鸡肝

图 2-2-2-11 倒入鸡肝慕斯

图 2-2-2-12 加入吉利丁片

图 2-2-2-13 吸进滴管

图 2-2-2-14 摆盘

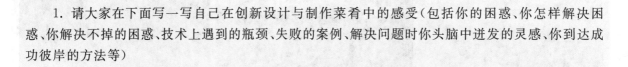

心得与评价

1. 请大家在下面写一写自己在创新设计与制作菜肴中的感受（包括你的困惑、你怎样解决困惑、你解决不掉的困惑、技术上遇到的瓶颈、失败的案例、解决问题时你头脑中迸发的灵感、你到达成功彼岸的方法等）

2. 老师的评价（请老师为你填写）

3. 同学们的评价（至少请 3 位同学为你填写）

4. 行业专家的评价

实训报告与考核标准

❶ 实训报告

实训时间		指导老师	
一、实训内容与过程记述			

续表

二、实训结果与产品质量

三、实训总结与体会

（详细总结自己的收获,针对本次实训有何想法?有何不足?怎样去弥补本次不足）

❷ 考核标准

（1）技能考核标准

序号	核分项目	标准分数	得分数
1	创新点运用与产品质量	60	
2	刀工技术	10	
3	调味水平	10	
4	火候掌握	10	
5	操作时间（60 分钟）	10	
6	总分		

（2）能力与评价得分

项目	创新与技能	通用能力	小组互评	老师评价
标准分数	70	10	10	10
得分数				
总分				

考核说明：

创新与技能:学生的创新点运用与操作标准,根据完成情况打分。

通用能力:包括出勤(按时到岗、学习准备就绪),衣着,行为规范(自觉遵守纪律、有责任心和荣誉感),学习态度(积极主动、不怕困难、勇于探索)、团队分工合作(能融入集体、愿意接受任务并积极完成)。实行扣分制,根据情况扣 1～6 分。

小组互评:值周小组对各小组任务完成的整体情况进行评价,按照优秀 10 分、良好 8 分、合格 6 分、不合格 4 分的标准进行打分,计入每个组员的成绩中。

老师评价:老师对各小组任务完成的整体情况进行评价,按照优秀 10 分、良好 8 分、合格 6 分、不合格 4 分的标准进行打分,计入每个组员的成绩中。

学生成长日记

1.想写下的话

2.照片墙(将你创新设计与制作菜肴过程中的点点滴滴记录在这里)

扫码看课件

任务 3 西式面点借鉴法应用 3

自主学习任务单

	任务名称	西式面点借鉴法应用3
	案　　例	空气面包配土豆泥鲜虾沙拉
自学内容、方法与建议	学习目标	1.知识与技能目标 (1)学会空气面包配土豆泥鲜虾沙拉的制作方法。 (2)学会借鉴西式面点的面包制作方法用于西餐菜肴当中。 (3)通过西式面点借鉴法的应用,创新设计并制作出新的菜肴。 2.过程与方法目标 (1)掌握西式菜肴创新设计方法,运用西式面点借鉴法,增加口感层次,达到营养平衡。 (2)了解菜肴烹调技法——烤的操作过程。 3.道德情感与价值观目标 (1)操作过程中精益求精,菜肴质量力求完美,培养自己的工匠意识。 (2)节约食材,不浪费,做到物尽其用。 (3)学习过程中能够与其他同学紧密合作,及时沟通,提升自身团队合作意识。 (4)勤洗手,戴好口罩,配合国家防疫及卫生要求。 (5)操作过程符合食品加工卫生要求,培养良好的卫生习惯。 4.学习重点和难点 (1)面团制作的温度控制在 40 ℃,温度太高则酵母失效,温度太低则没有作用。 (2)面团一定要光滑,若不光滑,影响后期面团操作。 (3)面团醒发一定要到位,若不到位,面包膨胀不起来。 (4)一定要空出土豆泥多余的水分,否则影响其口感。

续表

| 自学内容、方法与建议 | 学习方法与建议 | 1. 充分学习学案与微课，通过数字教学资源学习菜肴制作。
2. 各组同学之间多沟通，发现自身问题与对方的问题，集思广益，解决问题。
3. 在西餐烹饪专业微信群中多向已经毕业并正在行业工作的学长提问，听取意见。
4. 不到万不得已不向教师提问，尽量自行解决问题。
5. 多做多练多动脑。 |
| | 信息化环境要求 | 1. 拥有能够扫码与上网的智能手机或平板电脑。
2. 以班级为单位建立微信群，便于经验交流。
3. 至少邀请一名行业专家进入微信群，以便能够随时为群中的学生们提供帮助，及时做出评价。 |

学习任务	学习任务	学习内容与过程	学习方法建议与提示
学习任务	了解菜肴	阅读学案，学习技能案例。	找出并突破重点与难点，灵活思考，激发自己的创新灵感。
	微课自学	扫描二维码，观看微课视频，自主学习并反复练习。	按照微课的教学任务逐步操作，通过自主学习与练习，深度理解菜肴烹调技法的环节与关键点。
	创新设计菜肴	通过以上知识与技能的学习，找出创新点，根据西式面点借鉴法的创新原则，创制出新的菜肴。	总结经验，互相交流，运用最有效率的学习方法完成菜肴创新设计任务。

练习与检测	自行思考、交流、练习，遇到难点先不要问老师，要学会自主地去解决问题，解决不了的问题标记出来，在课堂实践中提问并讨论，大家一起在老师的帮助下解决问题。
交流与反馈	同学们，完成学习任务的过程中你有没有遇到困难呢？如果有的话，可以在烹饪专业微信群里进行交流，也可以给学长留言。 　　每个人遇到的问题都会有所不同，大家可以互相帮助，说出你的见解。对于认真交流和反馈，或者积极帮助他人的同学，老师将记录下来进行日常考核加分。 　　可以把做得比较成功的案例相片发到朋友圈，同学们视其品相优劣给出自己的"赞"，集"赞"较多的小组给予加分。
困惑与建议	1. 学习过程中遇到的问题或难点。 　　2. 对于微课自主学习的新模式，你有哪些感受？对于微课的内容，你还有什么改进意见吗？（如难度、语速、画面等）

续表

自我评价	1．是否认真完整地观看了老师制作的微课视频？（如果做到认真观看,请给自己加上 20 分） 2．是否独立思考与学习,完成学习任务？（每独立思考并完成一个任务后,请给自己加上 20 分） 3．你有几次在线反馈交流呢？（每次在线反馈交流后请给自己加上 5 分） 4．对于微信群中其他同学提出的问题,你帮助解答了几次呢？（每解答一次请给自己加上 8 分） 5．你集到的"赞"的数量。（1 个"赞"加 1 分） 你得到的总分为_____

 自学学案

微课视频

了解菜肴	空气面包配土豆泥鲜虾沙拉(图 2-2-3-1)。 本道菜肴是借鉴西式面点中的面包制作方法,与西餐土豆沙拉相结合,创新制作的一道前菜。利用制作面包的发酵技术使面粉发酵,面包会鼓起,使土豆沙拉造型更加美观,面包烤制酥脆,又增加了土豆沙拉的口感。在原有的土豆沙拉中加入阿根廷大红虾,使菜肴的蛋白质含量增加,达到营养均衡。
菜肴配方	**主料**：土豆 250 g、鸡蛋 1 枚、阿根廷大红虾 2 只、黄瓜 30 g、胡萝卜 30 g、玉米粒 30 g。 **配料与调辅料**：空气面包：水 45 mL、酵母 2.5 g、糖 1 g、盐 1～2 g、高筋面粉 95 g、黄油 10 g。 土豆沙拉：沙拉酱 40 g、盐适量、黑胡椒粉适量、黄油适量。
菜肴制作流程	（一）面包制作流程 1．水与酵母搅拌均匀。 2．面粉过筛,加入盐和糖混合,再加入步骤 1 原料,揉匀(图 2-2-3-2)。 3．加入室温软化黄油,揉至光滑,面团包保鲜膜,醒发箱醒发 30 min(图 2-2-3-3)。 4．面团擀成薄片,切成 6 cm×6 cm 的正方形片,烤箱预热 190 ℃烤制 5 min 左右(图 2-2-3-4)。 （二）土豆沙拉制作与组装 1．黄瓜去心切丁备用,胡萝卜切丁和玉米粒一同焯水备用。 2．土豆用勺子碾碎,加入沙拉酱、盐、黑胡椒粉,再加入步骤 1 原料,搅拌均匀备用(图 2-2-3-5)。 3．锅中放油烧热,加入虾肉,撒盐、黑胡椒粉,两面煎至金黄,淋上黄油出锅,切段备用即可(图 2-2-3-6)。 4．取 4 个空气面包底部戳洞,将土豆沙拉灌入后放在盘中,依次挤上沙拉酱,放上煎好的虾,最后放上装饰蔬菜即可(图 2-2-3-7)。

续表

菜肴的创新设计	同学们,请以空气面包配土豆泥鲜虾沙拉这道菜肴为例,通过西式面点借鉴法的应用,创新设计出一道新颖的菜肴,并在下面的表格中填写你设计菜肴的配方与制作流程。 1. 菜肴名称:＿＿＿＿＿＿＿＿＿＿＿＿＿＿＿＿＿ 2. 菜肴配方 原料名称　　　　　　　　　　　　　　　　用量 3. 制作流程

图 2-2-3-1　空气面包配土豆泥鲜虾沙拉

图 2-2-3-2　拌匀面粉

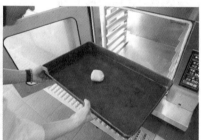

图 2-2-3-3　面团发酵

图 2-2-3-4　切成正方形片

图 2-2-3-5　搅拌土豆沙拉

图 2-2-3-6　煎制虾肉

图 2-2-3-7　制作成型

心得与评价

1. 请大家在下面写一写自己在创新设计与制作菜肴中的感受（包括你的困惑、你怎样解决困惑、你解决不掉的困惑、技术上遇到的瓶颈、失败的案例、解决问题时你头脑中迸发的灵感、你到达成功彼岸的方法等）

2. 老师的评价（请老师为你填写）

3. 同学们的评价（至少请 3 位同学为你填写）

4. 行业专家的评价

实训报告与考核标准

❶ **实训报告**

实训时间		指导老师	
一、实训内容与过程记述			
二、实训结果与产品质量			
三、实训总结与体会			
(详细总结自己的收获,针对本次实训有何想法?有何不足?怎样去弥补本次不足)			

❷ 考核标准

（1）技能考核标准

序号	核分项目	标准分数	得分数
1	创新点运用与产品质量	60	
2	刀工技术	10	
3	调味水平	10	
4	火候掌握	10	
5	操作时间（60分钟）	10	
6	总分		

（2）能力与评价得分

项目	创新与技能	通用能力	小组互评	老师评价
标准分数	70	10	10	10
得分数				
总分				

考核说明：

创新与技能：学生的创新点运用与操作标准，根据完成情况打分。

通用能力：包括出勤（按时到岗、学习准备就绪），衣着，行为规范（自觉遵守纪律、有责任心和荣誉感），学习态度（积极主动、不怕困难、勇于探索），团队分工合作（能融入集体、愿意接受任务并积极完成）。实行扣分制，根据情况扣1～6分。

小组互评：值周小组对各小组任务完成的整体情况进行评价，按照优秀10分、良好8分、合格6分、不合格4分的标准进行打分，计入每个组员的成绩中。

老师评价：老师对各小组任务完成的整体情况进行评价，按照优秀10分、良好8分、合格6分、不合格4分的标准进行打分，计入每个组员的成绩中。

学生成长日记

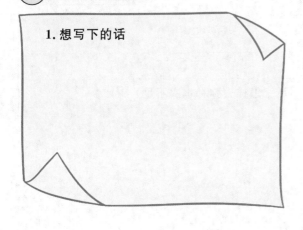

1.想写下的话

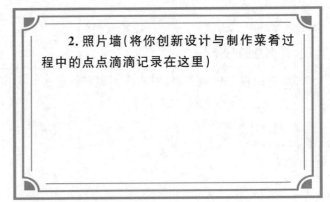

2.照片墙（将你创新设计与制作菜肴过程中的点点滴滴记录在这里）

扫码看课件

任务 4　菜肴仿制法应用 1

自主学习任务单

	任务名称	菜肴仿制法应用 1
	案　例	蒲烧茄子
自学内容、方法与建议	学习目标	1. 知识与技能目标 (1) 学会日式蛋丝的制作。 (2) 能够运用日式蒲烧类制作方法制作创新菜肴。 (3) 能够运用不同食材进行菜肴的搭配。 (4) 了解蒲烧类菜肴的制作方法与产品要求，通过菜肴仿制法的应用，创新设计并制作出新的菜肴。 2. 过程与方法目标 (1) 掌握日式菜肴创新设计方法，运用仿制法，使菜肴更加符合中国人的口味。 (2) 了解菜肴烹调技法——蒲烧的操作过程。 3. 道德情感与价值观目标 (1) 操作过程中精益求精，菜肴质量力求完美，培养自己的工匠意识。 (2) 节约食材，不浪费，做到物尽其用。 (3) 学习过程中能够与其他同学紧密合作，及时沟通，提升自身团队合作意识。 (4) 勤洗手，戴好口罩，配合国家防疫及卫生要求。 (5) 操作过程符合食品加工卫生要求，培养良好的卫生习惯。 4. 学习重点和难点 (1) 蛋丝制作时的火候控制掌握。提前 10 秒关火，利用余温制熟，这样蛋丝柔软不易断。 (2) 茄子在划刀时不要切断，以免影响造型。 (3) 茄子在划刀时不要划透，否则汁水会流淌出去。 (4) 在仿制过程中注意原料配比。
	学习方法与建议	1. 充分学习学案与微课，通过数字教学资源学习菜肴制作。 2. 各组同学之间多沟通，发现自身问题与对方的问题，集思广益，解决问题。 3. 在烹饪专业微信群中多向已经毕业并正在行业工作的学长提问，听取意见。 4. 不到万不得已不向教师提问，尽量自行解决问题。 5. 多做多练多动脑。
	信息化环境要求	1. 拥有能够扫码与上网的智能手机或平板电脑。 2. 以班级为单位建立微信群，便于经验交流。 3. 至少邀请一名行业专家进入微信群，以便能够随时为群中的学生们提供帮助，及时做出评价。

续表

	学习任务	学习内容与过程	学习方法建议与提示
学习任务	了解菜肴	阅读学案,学习技能案例。	找出并突破重点与难点,灵活思考,激发自己的创新灵感。
	微课自学	扫描二维码,观看微课视频,自主学习并反复练习。	按照微课的教学任务逐步操作,通过自主学习与练习,深度理解菜肴烹调技法的环节与关键点。
	创新设计菜肴	通过以上知识与技能的学习,找出创新点,根据菜肴仿制法的创新原则,创制出新的菜肴。	总结经验,互相交流,运用最有效率的学习方法完成菜肴创新设计任务。
练习与检测		自行思考、交流、练习,遇到难点先不要问老师,要学会自主地去解决问题,解决不了的问题标记出来,在课堂实践中提问并讨论,大家一起在老师的帮助下解决问题。	
交流与反馈		同学们,完成学习任务的过程中你有没有遇到困难呢?如果有的话,可以在烹饪专业微信群里进行交流,也可以给学长留言。 每个人遇到的问题都会有所不同,大家可以互相帮助,说出你的见解。对于认真交流和反馈,或者积极帮助他人的同学,老师将记录下来进行日常考核加分。 可以把做得比较成功的案例相片发到朋友圈,同学们视其品相优劣给出自己的"赞",集"赞"较多的小组给予加分。	
困惑与建议		1. 学习过程中遇到的问题或难点。 2. 对于微课自主学习的新模式,你有哪些感受?对于微课的内容,你还有什么改进意见吗?(如难度、语速、画面等)	
自我评价		1. 是否认真完整地观看了老师制作的微课视频?(如果做到认真观看,请给自己加上20分) 2. 是否独立思考与学习,完成学习任务?(每独立思考并完成一个任务后,请给自己加上20分) 3. 你有几次在线反馈交流呢?(每次在线反馈交流后请给自己加上5分) 4. 对于微信群中其他同学提出的问题,你帮助解答了几次呢?(每解答一次请给自己加上8分) 5. 你集到的"赞"的数量。(1个"赞"加1分) 你得到的总分为_____	

了解菜肴	蒲烧茄子(图 2-2-4-1)。 　　本道菜肴仿制日本蒲烧类做法,日本菜肴过于清淡,为了符合中国人的口味,在仿制日本蒲烧类做法时,选择用茄子搭配中国调料,与日式改良版蛋丝相结合,使口感更加丰富,是一道日式居酒屋的必点菜肴。
菜肴配方	菜肴配方(图 2-2-4-2)。 　　日式蛋丝配方:鸡蛋 1 枚、土豆淀粉 5 g、盐 2 g、细砂糖 2 g、色拉油适量。 　　蒲烧茄子配方:茄子 1 根、生抽 15 mL、蚝油 8 g、料酒 8 mL、老抽 5 mL、盐 1 g、糖 2 g、水 50 mL、色拉油适量、熟白芝麻适量、葱花适量、米饭适量、蜂蜜 10 mL。
菜肴制作流程	**(一) 蛋丝制作** 　　1. 鸡蛋打散,加入土豆淀粉、盐、细砂糖,搅拌均匀,过滤备用。 　　2. 平底不粘锅倒入色拉油加热后,倒入步骤 1 蛋液 1 勺,旋转锅使蛋液平铺,加热 10 s 左右关火,利用平底锅的余热继续加热,后沿着锅边轻松揭下来;蛋皮凉后卷成柱状,切细丝即可(图 2-2-4-3)。 　　**(二) 蒲烧茄子制作** 　　1. 茄子切 2~3 段,上锅蒸 20 min。 　　2. 生抽、蚝油、料酒、老抽、蜂蜜、盐、糖、水混合均匀。 　　3. 将步骤 1 蒸熟的茄子对半切开(不要切断),再划几刀,形似鳗鱼段(图 2-2-4-4)。 　　4. 锅中加少量油,加入步骤 3 茄子,煎至两面金黄,倒入步骤 2 调料,等汤汁浓稠(图 2-2-4-5)。 　　5. 将做好的蒲烧茄子放在米饭上,淋上剩余汤汁,撒上蛋丝、熟白芝麻、葱花即可(图 2-2-4-6)。
菜肴的创新设计	同学们,请以蒲烧茄子这道菜肴为例,通过菜肴仿制法的应用,创新设计出一道新颖的菜肴,并在下面的表格中填写你设计菜肴的配方与制作流程。 　　1. 菜肴名称:_____ 　　2. 菜肴配方 | 原料名称	用量 | |---|---| | | | 　　3. 制作流程

图 2-2-4-1　蒲烧茄子

图 2-2-4-2　菜肴配方

图 2-2-4-3　切蛋丝

图 2-2-4-4　茄子切段

图 2-2-4-5　煎制茄子

图 2-2-4-6　蒲烧茄子成品

 心得与评价

1. 请大家在下面写一写自己在创新设计与制作菜肴中的感受（包括你的困惑、你怎样解决困惑、你解决不掉的困惑、技术上遇到的瓶颈、失败的案例、解决问题时你头脑中迸发的灵感、你到达成功彼岸的方法等）

2. 老师的评价（请老师为你填写）

3. 同学们的评价（至少请 3 位同学为你填写）

4. 行业专家的评价

实训报告与考核标准

❶ 实训报告

实训时间		指导老师	
一、实训内容与过程记述			
二、实训结果与产品质量			
三、实训总结与体会			
（详细总结自己的收获,针对本次实训有何想法？有何不足？怎样去弥补本次不足）			

❷ 考核标准

（1）技能考核标准

序号	核分项目	标准分数	得分数
1	创新点运用与产品质量	60	
2	刀工技术	10	
3	调味水平	10	
4	火候掌握	10	
5	操作时间（60分钟）	10	
6	总分		

（2）能力与评价得分

项目	创新与技能	通用能力	小组互评	老师评价
标准分数	70	10	10	10
得分数				
总分				

考核说明：

创新与技能：学生的创新点运用与操作标准，根据完成情况打分。

通用能力：包括出勤（按时到岗、学习准备就绪），衣着，行为规范（自觉遵守纪律、有责任心和荣誉感），学习态度（积极主动、不怕困难、勇于探索），团队分工合作（能融入集体、愿意接受任务并积极完成）。实行扣分制，根据情况扣 1～6 分。

小组互评：值周小组对各小组任务完成的整体情况进行评价，按照优秀 10 分、良好 8 分、合格 6 分、不合格 4 分的标准进行打分，计入每个组员的成绩中。

老师评价：老师对各小组任务完成的整体情况进行评价，按照优秀 10 分、良好 8 分、合格 6 分、不合格 4 分的标准进行打分，计入每个组员的成绩中。

学生成长日记

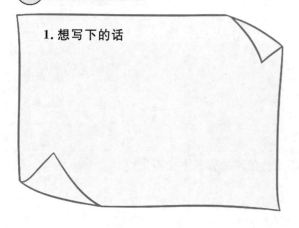

1. 想写下的话

2. 照片墙（将你创新设计与制作菜肴过程中的点点滴滴记录在这里）

任务 5　菜肴仿制法应用 2

扫码看课件

自主学习任务单

自学内容、方法与建议	任务名称	菜肴仿制法应用 2
	案例	柠檬节瓜纸包鱼
	学习目标	1. 知识与技能目标 （1）学会柠檬节瓜纸包鱼的制作。 （2）能够运用西式菜肴制作方法制作创新菜肴。 （3）能够运用不同食材进行菜肴的搭配。 （4）了解纸包鱼的制作方法与产品要求，通过菜肴仿制法的应用，创新设计并制作出新的菜肴。

续表

自学内容、方法与建议	学习目标	2．过程与方法目标 （1）掌握西式菜肴创新设计方法，运用仿制法，减少意大利酸味调味剂的使用，增加水果的香气。 （2）了解菜肴烹调技法——蒸烤的操作过程。 3．道德情感与价值观目标 （1）操作过程中精益求精，菜肴质量力求完美，培养自己的工匠意识。 （2）节约食材，不浪费，做到物尽其用。 （3）学习过程中能够与其他同学紧密合作，及时沟通，提升自身团队合作意识。 （4）勤洗手，戴好口罩，配合国家防疫及卫生要求。 （5）操作过程符合食品加工卫生要求，培养良好的卫生习惯。 4．学习重点和难点 （1）鱼皮撒盐，白胡椒腌制时间在 5 分钟左右，时间过长会导致鱼失水，口感变差。 （2）烤制时一定要密封，若不完全密封，会出现焦煳并失水，影响口感。 （3）在仿制过程中注意原料配比。
	学习方法与建议	1．充分学习学案与微课，通过数字教学资源学习菜肴制作。 2．各组同学之间多沟通，发现自身问题与对方的问题，集思广益，解决问题。 3．在烹饪专业微信群中多向已经毕业并正在行业工作的学长提问，听取意见。 4．不到万不得已不向教师提问，尽量自行解决问题。 5．多做多练多动脑。
	信息化环境要求	1．拥有能够扫码与上网的智能手机或平板电脑。 2．以班级为单位建立微信群，便于经验交流。 3．至少邀请一名行业专家进入微信群，以便能够随时为群中的学生们提供帮助，及时做出评价。

学习任务	学习任务	学习内容与过程	学习方法建议与提示
	了解菜肴	阅读学案，学习技能案例。	找出并突破重点与难点，灵活思考，激发自己的创新灵感。
	微课自学	扫描二维码，观看微课视频，自主学习并反复练习。	按照微课的教学任务逐步操作，通过自主学习与练习，深度理解菜肴烹调技法的环节与关键点。
	创新设计菜肴	通过以上知识与技能的学习，找出创新点，根据菜肴仿制法的创新原则，创制出新的菜肴。	总结经验，互相交流，运用最有效率的学习方法完成菜肴创新设计任务。

续表

练习与检测	自行思考、交流、练习,遇到难点先不要问老师,要学会自主地去解决问题,解决不了的问题标记出来,在课堂实践中提问并讨论,大家一起在老师的帮助下解决问题。
交流与反馈	同学们,完成学习任务的过程中你有没有遇到困难呢?如果有的话,可以在烹饪专业微信群里进行交流,也可以给学长留言。 每个人遇到的问题都会有所不同,大家可以互相帮助,说出你的见解。对于认真交流和反馈,或者积极帮助他人的同学,老师将记录下来进行日常考核加分。 可以把做得比较成功的案例相片发到朋友圈,同学们视其品相优劣给出自己的"赞",集"赞"较多的小组给予加分。
困惑与建议	1. 学习过程中遇到的问题或难点。 2. 对于微课自主学习的新模式,你有哪些感受?对于微课的内容,你还有什么改进意见吗?(如难度、语速、画面等)
自我评价	1. 是否认真完整地观看了老师制作的微课视频?(如果做到认真观看,请给自己加上 20 分) 2. 是否独立思考与学习,完成学习任务?(每独立思考并完成一个任务后,请给自己加上 20 分) 3. 你有几次在线反馈交流呢?(每次在线反馈交流后请给自己加上 5 分) 4. 对于微信群中其他同学提出的问题,你帮助解答了几次呢?(每解答一次请给自己加上 8 分) 5. 你集到的"赞"的数量。(1 个"赞"加 1 分) 你得到的总分为_____

自学学案

微课视频

了解菜肴		柠檬节瓜纸包鱼(图 2-2-5-1)。 本道菜肴仿制意大利名菜纸包鱼制作。意大利纸包鱼的味道酸度比较大,不符合中国人的口味。本道菜肴利用了意大利纸包鱼的制作方法,在仿制时改变了原料的配比,增加了橙子,使柠檬节瓜纸包鱼风味改变后更符合中国人的口味,同时改变了菜肴的调味品,减少了意大利酸味调味剂的使用。
菜肴配方	主料	菜肴配方(图 2-2-5-2)。 海鲈鱼柳 150 g、绿节瓜 30 g、柠檬片 1 片、橙子 1 片。
	配料与调辅料	橄榄油 12 mL、百里香 1 根、盐 1 g、白胡椒粉适量。

菜肴制作流程	1. 鱼柳撒盐、白胡椒粉腌制(图 2-2-5-3)。 2. 将节瓜切片(图 2-2-5-4)。 3. 油纸铺平,中间放入配菜,撒盐,将鱼柳放在第一层配菜上,再加一层配菜,撒盐和橄榄油(图 2-2-5-5)。 4. 在步骤 3 原料上面放柠檬片和橙子片,再放上百里香,最后淋入橄榄油(图 2-2-5-6)。 5. 将油纸折成纸卷,从一端折到另一端,紧紧折叠边缘,直至完全密封(图 2-2-5-7)。 6. 烤箱预热 180 ℃,放入步骤 5 原料烤 20 min 即可(图 2-2-5-8)。
菜肴的创新设计	同学们,请以柠檬节瓜纸包鱼这道菜肴为例,通过菜肴仿制法的应用,创新设计出一道新颖的菜肴,并在下面的表格中填写你设计菜肴的配方与制作流程。 1. 菜肴名称:_____ 2. 菜肴配方 原料名称　　　　　　　　　　　用量 3. 制作流程

图 2-2-5-1　柠檬节瓜纸包鱼

图 2-2-5-2　菜肴配方

图 2-2-5-3　腌制鱼柳

图 2-2-5-4　节瓜切片

图 2-2-5-5　放置配菜

图 2-2-5-6　淋橄榄油

图 2-2-5-7　油纸密封

图 2-2-5-8　柠檬节瓜纸包鱼成品

心得与评价

1. 请大家在下面写一写自己在创新设计与制作菜肴中的感受（包括你的困惑、你怎样解决困惑、你解决不掉的困惑、技术上遇到的瓶颈、失败的案例、解决问题时你头脑中迸发的灵感、你到达成功彼岸的方法等）

2. 老师的评价（请老师为你填写）

3. 同学们的评价（至少请 3 位同学为你填写）

4. 行业专家的评价

实训报告与考核标准

① 实训报告

实训时间		指导老师	
一、实训内容与过程记述			

续表

二、实训结果与产品质量
三、实训总结与体会
（详细总结自己的收获，针对本次实训有何想法？有何不足？怎样去弥补本次不足）

❷ 考核标准

（1）技能考核标准

序号	核分项目	标准分数	得分数
1	创新点运用与产品质量	60	
2	刀工技术	10	
3	调味水平	10	
4	火候掌握	10	
5	操作时间（60 分钟）	10	
6	总分		

（2）能力与评价得分

项目	创新与技能	通用能力	小组互评	老师评价
标准分数	70	10	10	10
得分数				
总分				

考核说明：

创新与技能：学生的创新点运用与操作标准，根据完成情况打分。

通用能力：包括出勤（按时到岗、学习准备就绪），衣着，行为规范（自觉遵守纪律、有责任心和荣誉感），学习态度（积极主动、不怕困难、勇于探索），团队分工合作（能融入集体、愿意接受任务并积极完成）。实行扣分制，根据情况扣 1～6 分。

小组互评：值周小组对各小组任务完成的整体情况进行评价，按照优秀 10 分、良好 8 分、合格 6 分、不合格 4 分的标准进行打分，计入每个组员的成绩中。

老师评价：老师对各小组任务完成的整体情况进行评价，按照优秀 10 分、良好 8 分、合格 6 分、不合格 4 分的标准进行打分，计入每个组员的成绩中。

学生成长日记

1. 想写下的话

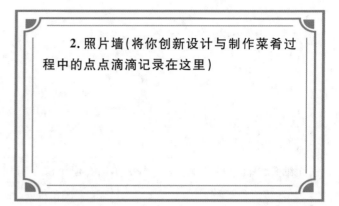

2. 照片墙(将你创新设计与制作菜肴过程中的点点滴滴记录在这里)

任务 6 菜肴仿制法应用 3

扫码看课件

自主学习任务单

任务名称	菜肴仿制法应用3	
案 例	比利时芥末猪肉卷配意大利巧克力辣味酱汁	
自学内容、方法与建议	学习目标	1. 知识与技能目标 (1)学会比利时芥末猪肉卷的制作。 (2)能够运用多种原料、调味料、酱汁制作菜肴。 (3)能够运用不同食材进行菜肴的搭配。 (4)了解五花猪肉卷制作方法与产品要求,通过菜肴仿制法的应用,创新设计并制作出新的菜肴品种。 2. 过程与方法目标 (1)掌握西式菜肴创新设计方法,运用西式菜肴仿制法创新传统菜肴,在制作中加入多种西方国家原料。 (2)了解菜肴烹调技法——烤的操作过程。 3. 道德情感与价值观目标 (1)操作过程中精益求精,菜肴质量力求完美,培养自己的工匠意识。 (2)节约食材,不浪费,做到物尽其用。 (3)学习过程中能够与其他同学紧密合作,及时沟通,提升自身团队合作意识。 (4)勤洗手,戴好口罩,配合国家防疫及卫生要求。 (5)操作过程符合食品加工卫生要求,培养良好的卫生习惯。 4. 学习重点和难点 (1)五花肉片一定要切均匀,否则影响其卷制成型。 (2)五花肉腌制要入味。

续表

	学习目标	（3）巧克力要选择黑巧克力（可可固形物含量 70％以上），五花肉脂肪含量高，黑巧克力味道香浓并有巧克力苦味，能减少五花肉的油腻口感。 （4）烤制时刷蜂蜜水，利用美拉德反应增加风味。	
自学内容、方法与建议	学习方法与建议	1. 充分学习学案与微课，通过数字教学资源学习菜肴制作。 2. 各组同学之间多沟通，发现自身问题与对方的问题，集思广益，解决问题。 3. 在烹饪专业微信群中多向已经毕业并正在行业工作的学长提问，听取意见。 4. 不到万不得已不向教师提问，尽量自行解决问题。 5. 多做多练多动脑。	
	信息化环境要求	1. 拥有能够扫码与上网的智能手机或平板电脑。 2. 以班级为单位建立微信群，便于经验交流。 3. 至少邀请一名行业专家进入微信群，以便能够随时为群中的学生们提供帮助，及时做出评价。	
学习任务	学习任务	学习内容与过程	学习方法建议与提示
	了解菜肴	阅读学案，学习技能案例。	找出并突破重点与难点，灵活思考，激发自己的创新灵感。
	微课自学	扫描二维码，观看微课视频，自主学习并反复练习。	按照微课的教学任务逐步操作，通过自主学习与练习，深度理解菜肴烹调技法的环节与关键点。
	创新设计菜肴	通过以上知识与技能的学习，找出创新点，根据菜肴仿制法的创新原则，创制出新的菜肴。	总结经验，互相交流，运用最有效率的学习方法完成菜肴创新设计任务。
练习与检测		自行思考、交流、练习，遇到难点先不要问老师，要学会自主地去解决问题，解决不了的问题标记出来，在课堂实践中提问并讨论，大家一起在老师的帮助下解决问题。	
交流与反馈		同学们，完成学习任务的过程中你有没有遇到困难呢？如果有的话，可以在烹饪专业微信群里进行交流，也可以给学长留言。 每个人遇到的问题都会有所不同，大家可以互相帮助，说出你的见解。对于认真交流和反馈，或者积极帮助他人的同学，老师将记录下来进行日常考核加分。 可以把做得比较成功的案例相片发到朋友圈，同学们视其品相优劣给出自己的"赞"，集"赞"较多的小组给予加分。	

续表

困惑与建议	1. 学习过程中遇到的问题或难点。 2. 对于微课自主学习的新模式,你有哪些感受?对于微课的内容,你还有什么改进意见吗?(如难度、语速、画面等)
自我评价	1. 是否认真完整地观看了老师制作的微课视频?(如果做到认真观看,请给自己加上 20 分) 2. 是否独立思考与学习,完成学习任务?(每独立思考并完成一个任务后,请给自己加上 20 分) 3. 你有几次在线反馈交流呢?(每次在线反馈交流后请给自己加上 5 分) 4. 对于微信群中其他同学提出的问题,你帮助解答了几次呢?(每解答一次请给自己加上 8 分) 5. 你集到的"赞"的数量。(1 个"赞"加 1 分) 你得到的总分为＿＿＿＿＿＿＿＿＿＿＿＿

微课视频

了解菜肴		比利时芥末猪肉卷配意大利巧克力辣味酱汁(图 2-2-6-1)。 本道菜肴仿制比利时传统菜肴五花猪肉卷制作而成,采用比利时五花肉传统制作手法,通过改变其调味品,使猪肉的香味更加浓郁,表皮更加酥脆。利用法式黄芥末籽与新鲜的香料结合作为内馅,加入意大利配烤乳猪的巧克力酱汁,使其风味更具有独特之处。
菜肴配方	五花猪肉卷配方	菜肴配方(图 2-2-6-2)。 瘦五花肉 2 kg、法式黄芥末籽 20 g、红酒 100 mL、鲜百里香 5 g、黑胡椒粒 5 g、盐 10～15 g、糖 8 g、西芹 35 g、胡萝卜 35 g、洋葱 70 g、黑胡椒碎 4 g、黄油适量。
	酱汁配方	芒果泥 200 g、白兰地 60 mL、卡宴辣椒粉 4 g、毛葱 3 个、红酒 20 mL、鸡高汤 80 mL、巧克力 40 g、红尖椒 20 g、绿尖椒 20 g、色拉油适量、盐适量、糖适量、白胡椒适量。
菜肴制作流程		(一)肉卷制作流程 1. 五花肉整张片大片(图 2-2-6-3)。 2. 用红酒、鲜百里香、黑胡椒粒、盐、糖、西芹、胡萝卜、洋葱冷藏腌制 3 h 以上(图 2-2-6-4)。 3. 五花肉吸去表面水分,均匀涂抹黄油、法式黄芥末籽、黑胡椒碎(图 2-2-6-5)。 4. 五花肉卷起,用保鲜膜包裹,放入冰箱冷藏 1 小时(图 2-2-6-6)。 5. 将捆扎好的五花肉(图 2-2-6-7)放入 175 ℃的烤箱中烤 40 min,升温至 190 ℃,刷上蜂蜜水烤至表皮变脆即可。 (二)酱汁制作 1. 毛葱、巧克力切碎,辣椒去籽切片。炒香毛葱、辣椒与卡宴辣椒粉,倒入白兰地刮底取色,再加入红酒、鸡高汤、芒果泥,煮沸后转小火收汁,过滤(图 2-2-6-8)。 2. 将巧克力加入酱汁中,充分搅拌至巧克力完全熔化,最后再调味(图 2-2-6-9)。

续表

<table>
<tr><td rowspan="2">菜肴的创新设计</td><td colspan="2">

同学们,请以比利时芥末猪肉卷配意大利巧克力辣味酱汁这道菜肴为例,通过菜肴仿制法的应用,创新设计出一道新颖的菜肴,并在下面的表格中填写你设计菜肴的配方与制作流程。

1. 菜肴名称:_____

2. 菜肴配方
</td></tr>
<tr><td>原料名称</td><td>用量</td></tr>
</table>

3. 制作流程

图 2-2-6-1　比利时芥末猪肉卷配
意大利巧克力辣味酱汁

图 2-2-6-2　菜肴配方

图 2-2-6-3　片五花肉片

图 2-2-6-4　五花肉调味

图 2-2-6-5　腌制五花肉

图 2-2-6-6　保鲜膜包裹五花肉

图 2-2-6-7　捆扎五花肉

图 2-2-6-8　煮制酱汁

图 2-2-6-9　巧克力加入酱汁

心得与评价

1. 请大家在下面写一写自己在创新设计与制作菜肴中的感受（包括你的困惑、你怎样解决困惑、你解决不掉的困惑、技术上遇到的瓶颈、失败的案例、解决问题时你头脑中迸发的灵感、你到达成功彼岸的方法等）

2. 老师的评价（请老师为你填写）

3. 同学们的评价（至少请 3 位同学为你填写）

4. 行业专家的评价

实训报告与考核标准

1 实训报告

实训时间		指导老师	
一、实训内容与过程记述			

续表

二、实训结果与产品质量
三、实训总结与体会
（详细总结自己的收获，针对本次实训有何想法？有何不足？怎样去弥补本次不足）

❷ **考核标准**

（1）技能考核标准

序号	核分项目	标准分数	得分数
1	创新点运用与产品质量	60	
2	刀工技术	10	
3	调味水平	10	
4	火候掌握	10	
5	操作时间（60 分钟）	10	
6	总分		

（2）能力与评价得分

项目	创新与技能	通用能力	小组互评	老师评价
标准分数	70	10	10	10
得分数				
总分				

考核说明：

创新与技能：学生的创新点运用与操作标准，根据完成情况打分。

通用能力：包括出勤（按时到岗、学习准备就绪），衣着、行为规范（自觉遵守纪律、有责任心和荣誉感），学习态度（积极主动、不怕困难、勇于探索），团队分工合作（能融入集体、愿意接受任务并积极完成）。实行扣分制，根据情况扣 1～6 分。

小组互评：值周小组对各小组任务完成的整体情况进行评价，按照优秀 10 分、良好 8 分、合格 6 分、不合格 4 分的标准进行打分，计入每个组员的成绩中。

老师评价：老师对各小组任务完成的整体情况进行评价，按照优秀 10 分、良好 8 分、合格 6 分、不合格 4 分的标准进行打分，计入每个组员的成绩中。

学生成长日记

1. 想写下的话

2. 照片墙（将你创新设计与制作菜肴过程中的点点滴滴记录在这里）

任务 7　菜肴融合法应用1

扫码看课件

自主学习任务单

	任务名称	菜肴融合法应用1
	案　　例	法式味噌风味羊排
自学内容、方法与建议	学习目标	1. 知识与技能目标 （1）学会日本融合菜法式味噌风味羊排的制作。 （2）学会运用日式调味品来搭配西式主料制作菜肴。 （3）能够运用不同食材进行菜肴的搭配。 （4）了解法式羊排的制作方法与产品要求，通过菜肴融合法的应用，创新设计并制作出新的菜肴品种。 2. 过程与方法目标 （1）掌握西式菜肴创新设计方法，运用融合方法，学会日本味噌风味羊排的制作。 （2）了解菜肴烹调技法——烤的操作过程。 3. 道德情感与价值观目标 （1）操作过程中精益求精，菜肴质量力求完美，培养自己的工匠意识。 （2）节约食材，不浪费，做到物尽其用。 （3）学习过程中能够与其他同学紧密合作，及时沟通，提升自身团队合作意识。 （4）勤洗手，戴好口罩，配合国家防疫及卫生要求。 （5）操作过程符合食品加工卫生要求，培养良好的卫生习惯。 4. 学习重点和难点 （1）切记不可挤压味噌，否则杂质会流入汁中。 （2）静置羊排，使羊排中的红细胞液流出，风味更佳。 （3）菜肴融合一定要味道平和，不能有异味。

续表

<table>
<tr><td rowspan="2">自学内容、方法与建议</td><td>学习方法与建议</td><td colspan="2">1. 充分学习学案与微课,通过数字教学资源学习菜肴制作。
2. 各组同学之间多沟通,发现自身问题与对方的问题,集思广益,解决问题。
3. 在烹饪专业微信群中多向已经毕业并正在行业工作的学长提问,听取意见。
4. 不到万不得已不向教师提问,尽量自行解决问题。
5. 多做多练多动脑。</td></tr>
<tr><td>信息化环境要求</td><td colspan="2">1. 拥有能够扫码与上网的智能手机或平板电脑。
2. 以班级为单位建立微信群,便于经验交流。
3. 至少邀请一名行业专家进入微信群,以便能够随时为群中的学生们提供帮助,及时做出评价。</td></tr>
<tr><td rowspan="4">学习任务</td><td>学习任务</td><td>学习内容与过程</td><td>学习方法建议与提示</td></tr>
<tr><td>了解菜肴</td><td>阅读学案,学习技能案例。</td><td>找出并突破重点与难点,灵活思考,激发自己的创新灵感。</td></tr>
<tr><td>微课自学</td><td>扫描二维码,观看微课视频,自主学习并反复练习。</td><td>按照微课的教学任务逐步操作,通过自主学习与练习,深度理解菜肴烹调技法的环节与关键点。</td></tr>
<tr><td>创新设计菜肴</td><td>通过以上知识与技能的学习,找出创新点,根据菜肴融合方法的创新原则,创制出新的菜肴。</td><td>总结经验,互相交流,运用最有效率的学习方法完成菜肴创新设计任务。</td></tr>
<tr><td>练习与检测</td><td colspan="3">自行思考、交流、练习,遇到难点先不要问老师,要学会自主地去解决问题,解决不了的问题标记出来,在课堂实践中提问并讨论,大家一起在老师的帮助下解决问题。</td></tr>
<tr><td>交流与反馈</td><td colspan="3">同学们,完成学习任务的过程中你有没有遇到困难呢?如果有的话,可以在烹饪专业微信群里进行交流,也可以给学长留言。
每个人遇到的问题都会有所不同,大家可以互相帮助,说出你的见解。对于认真交流和反馈,或者积极帮助他人的同学,老师将记录下来进行日常考核加分。
可以把做得比较成功的案例相片发到朋友圈,同学们视其品相优劣给出自己的"赞",集"赞"较多的小组给予加分。</td></tr>
<tr><td>困惑与建议</td><td colspan="3">1. 学习过程中遇到的问题或难点。
2. 对于微课自主学习的新模式,你有哪些感受?对于微课的内容,你还有什么改进意见吗?(如难度、语速、画面等)</td></tr>
</table>

续表

自我评价	1. 是否认真完整地观看了老师制作的微课视频？（如果做到认真观看,请给自己加上 20 分） 2. 是否独立思考与学习,完成学习任务？（每独立思考并完成一个任务后,请给自己加上 20 分） 3. 你有几次在线反馈交流呢？（每次在线反馈交流后请给自己加上 5 分） 4. 对于微信群中其他同学提出的问题,你帮助解答了几次呢？（每解答一次请给自己加上 8 分） 5. 你集到的"赞"的数量。（1 个"赞"加 1 分） 你得到的总分为 _____

微课视频

了解菜肴	法式味噌风味羊排(图 2-2-7-1)。 本道菜肴采用日本风味与法国风味相融合。使用日本味噌与法式羊排相结合,减少了羊排的油腻感,吃起来口感更加香嫩,再融合红酒酱汁,更加美味的同时也去除了羊排的腥膻味,属于日味法调,即吸取日本常用调味料,丰富法餐之味,来突出法餐精美。
菜肴配方	**主料** 菜肴配方(图 2-2-7-2)。 羊排 250 g。 **配料与调辅料** 赤味噌 100 g、牛肉粉 10 g、黄油 10 g、橄榄油 20 mL、面粉 30 g。 蔬菜汁配方:洋葱 1 个、月桂叶 1 片、黑胡椒 7 粒、巴西里梗 3 根、水 2000 mL。 红酒汁配方:红酒 500 mL、红葱 20 g、蒜适量。
菜肴制作流程	（一）蔬菜汁、红酒汁制作流程 1. 热锅加适量黄油及橄榄油,小火将洋葱炒至软甜后,加入月桂叶、黑胡椒粒、巴西里梗、水,并以小火收汁至 1000 mL 后过滤备用(图 2-2-7-3)。 2. 红酒倒入锅内煮滚以烧尽酒精,再加入红葱、蒜、月桂叶,小火收汁至 1/3 后过滤备用;红酒汁、蔬菜汁混合在一起,加入赤味噌、牛肉粉,小火收汁至 1/2 后过滤取汁(图 2-2-7-4)。 （二）羊排制作流程 1. 羊排表面抹上面粉,平底锅放黄油、橄榄油烧热,开中火将羊排表面煎至金黄,烤箱预热至 250 ℃,羊排放入烤箱烤约 4 min 后取出(图 2-2-7-5)。 2. 羊排静置 5 min 后即可切块盛盘(图 2-2-7-6)。
菜肴的创新设计	同学们,请以法式味噌风味羊排这道菜肴为例,通过菜肴融合法的应用,创新设计出一道新颖的菜肴,并在下面的表格中填写你设计菜肴的配方与制作流程。 1. 菜肴名称: _____

续表

菜肴的创新设计	2. 菜肴配方	
	原料名称	用量
	3. 制作流程	

图 2-2-7-1　法式味噌风味羊排

图 2-2-7-2　菜肴配方

图 2-2-7-3　制作蔬菜汁

图 2-2-7-4　混合红酒汁和蔬菜汁

图 2-2-7-5　煎羊排

图 2-2-7-6　羊排盛盘

 心得与评价

1. 请大家在下面写一写自己在创新设计与制作菜肴中的感受(包括你的困惑、你怎样解决困惑、你解决不掉的困惑、技术上遇到的瓶颈、失败的案例、解决问题时你头脑中迸发的灵感、你到达成功彼岸的方法等)

2. 老师的评价（请老师为你填写）

3. 同学们的评价（至少请 3 位同学为你填写）

4. 行业专家的评价

实训报告与考核标准

❶ 实训报告

实训时间		指导老师	
一、实训内容与过程记述			
二、实训结果与产品质量			
三、实训总结与体会			
（详细总结自己的收获,针对本次实训有何想法？有何不足？怎样去弥补本次不足）			

❷ 考核标准

（1）技能考核标准

序号	核分项目	标准分数	得分数
1	创新点运用与产品质量	60	
2	刀工技术	10	
3	调味水平	10	
4	火候掌握	10	
5	操作时间（60 分钟）	10	
6	总分		

（2）能力与评价得分

项目	创新与技能	通用能力	小组互评	老师评价
标准分数	70	10	10	10
得分数				
总分				

考核说明：

创新与技能：学生的创新点运用与操作标准，根据完成情况打分。

通用能力：包括出勤（按时到岗、学习准备就绪），衣着、行为规范（自觉遵守纪律、有责任心和荣誉感），学习态度（积极主动、不怕困难、勇于探索），团队分工合作（能融入集体、愿意接受任务并积极完成）。实行扣分制，根据情况扣 1～6 分。

小组互评：值周小组对各小组任务完成的整体情况进行评价，按照优秀 10 分、良好 8 分、合格 6 分、不合格 4 分的标准进行打分，计入每个组员的成绩中。

老师评价：老师对各小组任务完成的整体情况进行评价，按照优秀 10 分、良好 8 分、合格 6 分、不合格 4 分的标准进行打分，计入每个组员的成绩中。

🍳 学生成长日记

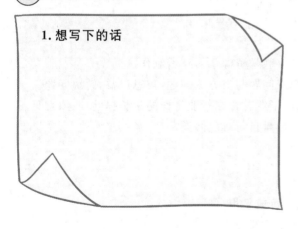

1. 想写下的话

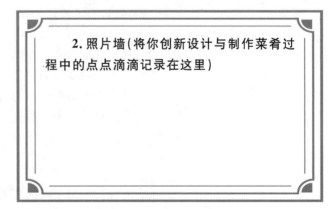

2. 照片墙（将你创新设计与制作菜肴过程中的点点滴滴记录在这里）

扫码看课件

任务 8 菜肴融合法应用 2

自主学习任务单

	任务名称	菜肴融合法应用 2
	案例	宫保鸡丁意面
自学内容、方法与建议	学习目标	1. 知识与技能目标 （1）学会中西融合菜宫保鸡丁意面的制作。 （2）能够运用中式菜肴与西式主食搭配制作菜肴。 （3）能够运用不同食材进行菜肴的搭配。 （4）了解宫保鸡丁和意面的制作方法与产品要求，通过菜肴融合法的应用，创新设计并制作出新的菜肴品种。 2. 过程与方法目标 （1）掌握西式菜肴创新设计方法，运用菜肴融合法，采用中式菜肴与西式主食组合方式成菜。 （2）了解菜肴烹调技法——炒的操作过程。 3. 道德情感与价值观目标 （1）操作过程中精益求精，菜肴质量力求完美，培养自己的工匠意识。 （2）节约食材，不浪费，做到物尽其用。 （3）学习过程中能够与其他同学紧密合作，及时沟通，提升自身团队合作意识。 （4）勤洗手，戴好口罩，配合国家防疫及卫生要求。 （5）操作过程符合食品加工卫生要求，培养良好的卫生习惯。 4. 学习重点和难点 （1）酱汁中料酒、酱油、香醋、糖、温水的比例为 1∶1∶1∶1∶1。 （2）鸡丁要热锅凉油炒散，油温太高鸡丁容易成团。 （3）菜肴融合一定要达到味道平和，不能有异味。
	学习方法与建议	1. 充分学习学案与微课，通过数字教学资源学习菜肴制作。 2. 各组同学之间多沟通，发现自身问题与对方的问题，集思广益，解决问题。 3. 在烹饪专业微信群中多向已经毕业并正在行业工作的学长提问，听取意见。 4. 不到万不得已不向教师提问，尽量自行解决问题。 5. 多做多练多动脑。
	信息化环境要求	1. 拥有能够扫码与上网的智能手机或平板电脑。 2. 以班级为单位建立微信群，便于经验交流。 3. 至少邀请一名行业专家进入微信群，以便能够随时为群中的学生们提供帮助，及时做出评价。

续表

	学习任务	学习内容与过程	学习方法建议与提示
学习任务	了解菜肴	阅读学案,学习技能案例。	找出并突破重点与难点,灵活思考,激发自己的创新灵感。
	微课自学	扫描二维码,观看微课视频,自主学习并反复练习。	按照微课的教学任务逐步操作,通过自主学习与练习,深度理解菜肴烹调技法的环节与关键点。
	创新设计菜肴	通过以上知识与技能的学习,找出创新点,根据菜肴融合法的创新原则,创制出新的菜肴。	总结经验,互相交流,运用最有效率的学习方法完成菜肴创新设计任务。

练习与检测	自行思考、交流、练习,遇到难点先不要问老师,要学会自主地去解决问题,解决不了的问题标记出来,在课堂实践中提问并讨论,大家一起在老师的帮助下解决问题。

交流与反馈	同学们,完成学习任务的过程中你有没有遇到困难呢? 如果有的话,可以在烹饪专业微信群里进行交流,也可以给学长留言。 　每个人遇到的问题都会有所不同,大家可以互相帮助,说出你的见解。对于认真交流和反馈,或者积极帮助他人的同学,老师将记录下来进行日常考核加分。 　可以把做得比较成功的案例相片发到朋友圈,同学们视其品相优劣给出自己的"赞",集"赞"较多的小组给予加分。

困惑与建议	1. 学习过程中遇到的问题或难点。 　2. 对于微课自主学习的新模式,你有哪些感受? 对于微课的内容,你还有什么改进意见吗?(如难度、语速、画面等)

自我评价	1. 是否认真完整地观看了老师制作的微课视频?(如果做到认真观看,请给自己加上 20 分) 　2. 是否独立思考与学习,完成学习任务?(每独立思考并完成一个任务后,请给自己加上 20 分) 　3. 你有几次在线反馈交流呢?(每次在线反馈交流后请给自己加上 5 分) 　4. 对于微信群中其他同学提出的问题,你帮助解答了几次呢?(每解答一次请给自己加上 8 分) 　5. 你集到的"赞"的数量。(1 个"赞"加 1 分) 　你得到的总分为＿＿＿＿＿＿＿＿＿＿＿＿

 自学学案

了解菜肴		宫保鸡丁意面(图 2-2-8-1)。 本道菜肴是中西菜肴融合创新菜。中外烹饪技能的交流越来越深入,使餐饮业呈现多元化现象,菜肴制作工艺的相互模仿、学习、扩散,使各地区与国家之间在烹饪技艺和菜式上取长补短,不断借鉴与融合。本道菜肴将中餐的四川名菜宫保鸡丁与西餐主食意面相结合,味道更加丰富鲜明,更符合中国人的口味。
菜肴配方	主料	菜肴配方(图 2-2-8-2)。 意面(5 号直面)150 g、鸡腿肉 150 g、去皮花生米 20 g。
	配料与调辅料	盐适量、橄榄油适量、黄酒 10 g、酱油 8 g、糖 10 g、香醋 10 g、干辣椒 5 g、花椒 2 g、葱白 20 g、蒜 5 g、姜 5 g、花椒油适量、辣椒油适量、淀粉适量。
菜肴制作流程		1. 鸡腿肉切拇指盖大小丁,加入 1 g 盐、2 g 黄酒,用手抓匀,抓至有黏性后放入适量淀粉继续抓匀,腌渍 10 min(图 2-2-8-3)。 2. 将黄酒、酱油、香醋、糖、盐、淀粉、温水一起放碗中调匀(图 2-2-8-4)。 3. 锅中放油,转小火,放入葱白、姜、蒜、花椒、干辣椒、花生米,待干辣椒变深红色炒出香味后,改大火放入鸡丁,炒至变色,将步骤 2 中酱汁再次搅拌沿锅边倒入,翻炒均匀(图 2-2-8-5)。 4. 放入煮好的意面以及煮意面的水,继续翻炒至酱汁浓稠(图 2-2-8-6)。 5. 淋入少许辣椒油、花椒油、橄榄油,翻炒均匀,盛盘装饰即可(图 2-2-8-7)。
菜肴的创新设计		同学们,请以宫保鸡丁意面这道菜肴为例,通过菜肴融合法的应用,创新设计出一道新颖的菜肴,并在下面的表格中填写你设计菜肴的配方与制作流程。 1. 菜肴名称:_____ 2. 菜肴配方 <table><tr><td>原料名称</td><td>用量</td></tr></table> 3. 制作流程

图 2-2-8-1　宫保鸡丁意面

图 2-2-8-2　菜肴配方

图 2-2-8-3　腌渍鸡腿肉

图 2-2-8-4　调酱汁

图 2-2-8-5　倒入酱汁翻炒

图 2-2-8-6　翻炒意面至酱汁浓稠

图 2-2-8-7　盛盘

心得与评价

1. 请大家在下面写一写自己在创新设计与制作菜肴中的感受（包括你的困惑、你怎样解决困惑、你解决不掉的困惑、技术上遇到的瓶颈、失败的案例、解决问题时你头脑中迸发的灵感、你到达成功彼岸的方法等）

2. 老师的评价（请老师为你填写）

3. 同学们的评价（至少请 3 位同学为你填写）

4. 行业专家的评价

实训报告与考核标准

❶ 实训报告

实训时间		指导老师	
一、实训内容与过程记述			
二、实训结果与产品质量			
三、实训总结与体会			
（详细总结自己的收获，针对本次实训有何想法？有何不足？怎样去弥补本次不足）			

❷ **考核标准**

（1）技能考核标准

序号	核分项目	标准分数	得分数
1	创新点运用与产品质量	60	
2	刀工技术	10	
3	调味水平	10	
4	火候掌握	10	
5	操作时间（60分钟）	10	
6	总分		

（2）能力与评价得分

项目	创新与技能	通用能力	小组互评	老师评价
标准分数	70	10	10	10
得分数				
总分				

考核说明：

创新与技能：学生的创新点运用与操作标准，根据完成情况打分。

通用能力：包括出勤（按时到岗、学习准备就绪），衣着，行为规范（自觉遵守纪律、有责任心和荣誉感），学习态度（积极主动、不怕困难、勇于探索），团队分工合作（能融入集体、愿意接受任务并积极完成）。实行扣分制，根据情况扣1～6分。

小组互评：值周小组对各小组任务完成的整体情况进行评价，按照优秀10分、良好8分、合格6分、不合格4分的标准进行打分，计入每个组员的成绩中。

老师评价：老师对各小组任务完成的整体情况进行评价，按照优秀10分、良好8分、合格6分、不合格4分的标准进行打分，计入每个组员的成绩中。

🍳 学生成长日记

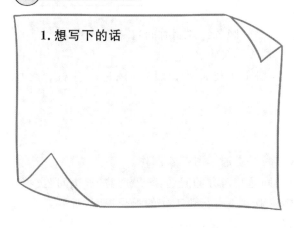

1.想写下的话

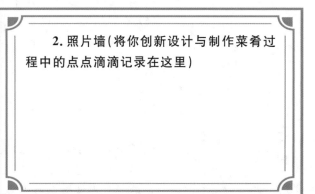

2.照片墙（将你创新设计与制作菜肴过程中的点点滴滴记录在这里）

扫码看课件

 任务 9　菜肴融合法应用 3

自主学习任务单

	任务名称	菜肴融合法应用 3
	案　　例	烤豆腐鸡腿沙拉
自学内容、方法与建议	学习目标	1. 知识与技能目标 （1）学会菜肴融合的制作方法。 （2）能够运用原料融合使菜肴营养均衡。 （3）能够运用不同食材进行菜肴的搭配。 （4）了解西式沙拉制作方法与产品要求，通过菜肴融合法的应用，创新设计并制作出新的菜肴品种。 2. 过程与方法目标 （1）西式菜肴创新设计方法：运用菜肴融合法，使原料互相融合，达到营养均衡。 （2）了解菜肴烹调技法——烤的操作过程。 3. 道德情感与价值观目标 （1）操作过程中精益求精，菜肴质量力求完美，培养自己的工匠意识。 （2）节约食材，不浪费，做到物尽其用。 （3）学习过程中能够与其他同学紧密合作，及时沟通，提升自身团队合作意识。 （4）勤洗手，戴好口罩，配合国家防疫及卫生要求。 （5）操作过程符合食品加工卫生要求，培养良好的卫生习惯。 4. 学习重点和难点 （1）可用鸡胸肉或其他肉类代替鸡腿肉。 （2）熟制鸡腿肉冷却后可密封冷藏保存。 （3）注意谷物饭的水分和谷物比例。 （4）煮谷物饭必须冷水下锅（也可泡制一晚节约煮制时间）。 （5）谷物一定要烹煮熟后营养才能被人体吸收。 （6）煮熟的谷物饭平摊放凉即可，切记不可冲水，以防细菌进入食材，导致腐败。
自学内容、方法与建议	学习方法与建议	1. 充分学习学案与微课，通过数字教学资源学习菜肴制作。 2. 各组同学之间多沟通，发现自身问题与对方的问题，集思广益，解决问题。 3. 在烹饪专业微信群中多向已经毕业并正在行业工作的学长提问，听取意见。 4. 不到万不得已不向老师提问，尽量自行解决问题。 5. 多做多练多动脑。

自学内容、方法与建议	信息化环境要求	1. 拥有能够扫码与上网的智能手机或平板电脑。 2. 以班级为单位建立微信群,便于经验交流。 3. 至少邀请一名行业专家进入微信群,以便能够随时为群中的学生们提供帮助,及时做出评价。	
学习任务	学习任务	学习内容与过程	学习方法建议与提示
	了解菜肴	阅读学案,学习技能案例。	找出并突破重点与难点,灵活思考,激发自己的创新灵感。
	微课自学	扫描二维码,观看微课视频,自主学习并反复练习。	按照微课的教学任务逐步操作,通过自主学习与练习,深度理解菜肴烹调技法的环节与关键点。
	创新设计菜肴	通过以上知识与技能的学习,找出创新点,根据菜肴融合法的创新原则,创制出新的菜肴。	总结经验,互相交流,运用最有效率的学习方法完成菜肴创新设计任务。
练习与检测		自行思考、交流、练习,遇到难点先不要问老师,要学会自主地去解决问题,解决不了的问题标记出来,在课堂实践中提问并讨论,大家一起在老师的帮助下解决问题。	
交流与反馈		同学们,完成学习任务的过程中你有没有遇到困难呢?如果有的话,可以在烹饪专业微信群里进行交流,也可以给学长留言。 　每个人遇到的问题都会有所不同,大家可以互相帮助,说出你的见解。对于认真交流和反馈,或者积极帮助他人的同学,老师将记录下来进行日常考核加分。 　可以把做得比较成功的案例相片发到朋友圈,同学们视其品相优劣给出自己的"赞",集"赞"较多的小组给予加分。	
困惑与建议		1. 学习过程中遇到的问题或难点。 2. 对于微课自主学习的新模式,你有哪些感受?对于微课的内容,你还有什么改进意见吗?(如难度、语速、画面等)	
自我评价		1. 是否认真完整地观看了老师制作的微课视频?(如果做到认真观看,请给自己加上 20分) 2. 是否独立思考与学习,完成学习任务?(每独立思考并完成一个任务后,请给自己加上20分)	

续表

| 自我评价 | 3. 你有几次在线反馈交流呢?(每次在线反馈交流后请给自己加上 5 分)
4. 对于微信群中其他同学提出的问题,你帮助解答了几次呢?(每解答一次请给自己加上 8 分)
5. 你集到的"赞"的数量。(1 个"赞"加 1 分)
你得到的总分为_____ |

微课视频

自学学案

了解菜肴	烤豆腐鸡腿沙拉(图 2-2-9-1)。 沙拉系音译,即 salad,又译作色拉、沙律。主要分为水果沙拉、蔬菜沙拉等。传统意义上沙拉主要的食材是各类水果、蔬菜等。主要酱汁有蛋黄酱、油醋汁、酸奶。 当下流行的一些健康减脂沙拉口味单一,本道菜肴创新主要从营养角度出发,增加了谷物、肉类、豆制品、蔬菜的种类以及酱汁的搭配。蔬菜、谷物、果实和香料本身就是芳香美味的食物。创新沙拉加入新鲜元素,令普通的沙拉味道更加丰富多彩。	
菜肴配方	鸡腿原料配方	鸡腿肉 1 块、照烧酱 35 g、烤肉酱 4 g、蜂蜜 5 g、黑胡椒 3 g、蒜粉 3 g、迷迭香适量。
	谷物原料配方	三色藜麦 30 g、照烧酱 35 g、大麦 30 g、野米 30 g、薏米 30 g、盐适量。
	豆腐原料配方	豆腐 150 g、蒜蓉辣酱 15 g、蚝油 15 g、蜂蜜 5 g、香油 10 g。
	配菜	混合蔬菜 200 g、混合萝卜片 20 g、樱桃番茄 3 个、坚果适量、葡萄干适量。
	拌饭酱汁	蚝油 75 g、生抽 50 g、纯净水 10 g、美国辣椒酱 30 g、香油 35 g。
	西式芝麻酱	烘焙芝麻酱 50 g、原味蛋黄酱 75 g、白芝麻碎(熟)10 g、牛奶 15 mL。
菜肴制作流程	上述菜肴配方见图 2-2-9-2。 **(一)鸡腿加工流程** (1)将调好的腌料与鸡腿肉拌匀,密封冷藏腌渍至少 1 h(图 2-2-9-3)。 (2)烤箱预热 180 ℃,将腌渍好的鸡腿肉放入烤箱烤 8~10 min,至成熟备用(图 2-2-9-4)。 **(二)谷物加工流程** (1)锅中加水、盐,分别煮熟 4 种谷物,4 种谷物的煮制时间及要求为三色藜麦煮 15~20 min(煮到米爆开),大麦煮 25~40 min(煮到米爆开),野米煮 20~35 min(煮到米爆开),薏米煮 25~40 min(煮到可碾碎)(图2-2-9-5)。 (2)将煮熟谷物控干水分,放凉备用。 **(三)烤豆腐加工流程** (1)豆腐切 2 cm 厚片(图 2-2-9-6)。 (2)烤盘铺油纸刷油,将豆腐片平铺在烤盘上,豆腐表面均匀涂抹混合好的酱料,静置 5~10 min 入味(图2-2-9-7)。 (3)烤箱预热 190 ℃,放入豆腐烤制 15 min 即可(图 2-2-9-8)。	

续表

菜肴制作流程	（四）酱汁制作流程 1. 拌饭酱汁： 混合蚝油、生抽、纯净水、美国辣椒酱、香油，冷藏备用（图 2-2-9-9）。 2. 芝麻酱（西式）： 混合烘焙芝麻酱、原味蛋黄酱、牛奶，加入白芝麻碎搅拌均匀，冷藏备用（图 2-2-9-10）。 （五）组装过程 （1）谷物饭：将四种谷物按照 1∶1∶1∶1 的比例放入滤网中，沸水烫 5 min，沥干水分，加入坚果、葡萄干、拌饭酱汁，翻拌均匀装盘备用（图 2-2-9-11）。 （2）鸡腿肉切片，与烤豆腐、谷物饭混合，淋上芝麻酱，装盘即可（图 2-2-9-12）。
菜肴的创新设计	同学们，请以烤豆腐鸡腿沙拉这道菜肴为例，通过菜肴融合法的应用，创新设计出一道新颖的菜肴，并在下面的表格中填写你设计菜肴的配方与制作流程。 　　1. 菜肴名称：＿＿＿＿＿＿＿＿＿＿＿＿＿＿＿＿＿＿＿＿＿ 　　2. 菜肴配方 原料名称　　　　　　　　　　　　　　用量 　　3. 制作流程

图 2-2-9-1　烤豆腐鸡腿沙拉

图 2-2-9-2　菜肴配方

图 2-2-9-3 腌渍鸡腿肉

图 2-2-9-4 烤制成熟的鸡腿肉

图 2-2-9-5 煮制谷物

图 2-2-9-6 豆腐切片

图 2-2-9-7 涂抹酱料

图 2-2-9-8 烤制豆腐

图 2-2-9-9　调制拌饭酱汁

图 2-2-9-10　调制芝麻酱

图 2-2-9-11　翻拌谷物饭

图 2-2-9-12　成品

心得与评价

1. 请大家在下面写一写自己在创新设计与制作菜肴中的感受（包括你的困惑、你怎样解决困惑、你解决不掉的困惑、技术上遇到的瓶颈、失败的案例、解决问题时你头脑中迸发的灵感、你到达成功彼岸的方法等）

2. 老师的评价（请老师为你填写）

3. 同学们的评价（至少请 3 位同学为你填写）

4. 行业专家的评价

实训报告与考核标准

① 实训报告

实训时间		指导老师	
一、实训内容与过程记述			
二、实训结果与产品质量			
三、实训总结与体会			
(详细总结自己的收获,针对本次实训有何想法?有何不足?怎样去弥补本次不足)			

❷ **考核标准**

（1）技能考核标准

序号	核分项目	标准分数	得分数
1	创新点运用与产品质量	60	
2	刀工技术	10	
3	调味水平	10	
4	火候掌握	10	
5	操作时间（60 分钟）	10	
6	总分		

（2）能力与评价得分

项目	创新与技能	通用能力	小组互评	老师评价
标准分数	70	10	10	10
得分数				
总分				

考核说明：

创新与技能：学生的创新点运用与操作标准，根据完成情况打分。

通用能力：包括出勤（按时到岗、学习准备就绪），衣着，行为规范（自觉遵守纪律、有责任心和荣誉感），学习态度（积极主动、不怕困难、勇于探索），团队分工合作（能融入集体、愿意接受任务并积极完成）。实行扣分制，根据情况扣 1～6 分。

小组互评：值周小组对各小组任务完成的整体情况进行评价，按照优秀 10 分、良好 8 分、合格 6 分、不合格 4 分的标准进行打分，计入每个组员的成绩中。

老师评价：老师对各小组任务完成的整体情况进行评价，按照优秀 10 分、良好 8 分、合格 6 分、不合格 4 分的标准进行打分，计入每个组员的成绩中。

🥚 学生成长日记

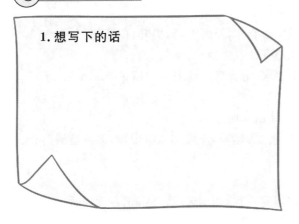

1. 想写下的话

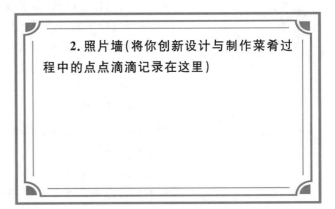

2. 照片墙（将你创新设计与制作菜肴过程中的点点滴滴记录在这里）

中式面点创新方法应用与实践

任务 1　造型变化法应用 1

扫码看课件

自主学习任务单

	任务名称	造型变化法应用 1
自学内容、方法与建议	案　例	芽菜燕麦冠顶饺
	学习目标	1. 知识与技能目标 （1）能说出各种原料的应用特点。 （2）掌握沸水烫面的工艺。 （3）熟练掌握捏制冠顶饺的技巧。 （4）了解传统冠顶饺的制作方法与产品要求，通过造型变化法的应用，创新设计并制作出新的面点品种。 2. 过程与方法目标 （1）中式面点创新设计方法：造型变化法。 （2）能够合理地选择相关原辅材料。 （3）能够熟练地进行芽菜燕麦冠顶饺的制作。 3. 道德情感与价值观目标 （1）操作过程中精益求精，面点产品质量力求完美，培养自己的工匠意识。 （2）节约食材，不浪费，做到物尽其用。 （3）学习过程中能够与其他同学紧密合作，及时沟通，提升自身团队合作意识。 （4）勤洗手，戴好口罩，配合国家防疫及卫生要求。 （5）操作过程符合食品加工卫生要求，培养良好的卫生习惯。 4. 学习重点和难点 （1）重点：利用造型变化的方式设计创新面点。 解析：以传统蒸饺造型为基础，以芽菜为馅料，皮面加入燕麦粉，面点造型美观、营养丰富、口味独特。 （2）难点：产品成形。 解析：要注意烫面水温合适，制皮厚薄一致，造型匀称一致，馅心软硬适当。
	学习方法与建议	1. 充分学习学案与微课，并通过数字教学资源学习面点制作知识。 2. 各组同学之间多沟通，发现自身问题与对方的问题，集思广益，解决问题。 3. 在中式面点专业微信群中多向以前毕业并正在行业工作的学长提问，听取意见。

续表

自学内容、方法与建议	学习方法与建议	4. 不到万不得已不向教师提问,尽量自行解决问题。 5. 多做多练多动脑。	
	信息化环境要求	1. 拥有能够扫码与上网的智能手机或平板电脑。 2. 以班级为单位建立微信群,便于经验交流。 3. 至少邀请一名行业专家进入微信群,以便能够随时为群中的学生们提供帮助,及时做出评价。	
学习任务	学习任务	学习内容与过程	学习方法建议与提示
	了解面点	阅读学案,学习技能案例。	找出并突破重点与难点,灵活思考,激发自己的创新灵感。
	微课自学	扫描二维码,观看微课视频,自主学习并反复练习。	按照微课的教学任务逐步操作,通过自主学习与练习,深度理解面点制作过程中的环节与关键点。
	创新设计面点	通过以上知识与技能的学习,找出创新点,根据造型变化法的创新原则,创制出新的面点。	总结经验,互相交流,运用最有效率的学习方法完成面点创新设计任务。
练习与检测		自行思考、交流、练习,遇到难点先不要问老师,要学会自主地去解决问题,解决不了的问题标记出来,在课堂实践中提问并讨论,大家一起在老师的帮助下解决问题。	
交流与反馈		同学们,完成学习任务的过程中你有没有遇到困难呢?如果有的话,可以在中式面点专业微信群里进行交流,也可以给学长留言。 每个人遇到的问题都会有所不同,大家可以互相帮助,说出你的见解。对于认真交流和反馈,或者积极帮助他人的同学,老师将记录下来进行日常考核加分。 可以把做得比较成功的案例相片发到朋友圈,同学们视其品相优劣给出自己的"赞",集"赞"较多的小组给予加分。	
困惑与建议		1. 学习过程中遇到的问题或难点。 2. 对于微课自主学习的新模式,你有哪些感受?对于微课的内容,你还有什么改进意见吗?(如难度、语速、画面等)	
自我评价		1. 是否认真完整地观看了老师制作的微课视频?(如果做到认真观看,请给自己加上 20 分) 2. 是否独立思考与学习,完成学习任务?(每独立思考并完成一个任务后,请给自己加上 20 分)	

自我评价	3. 你有几次在线反馈交流呢?(每次在线反馈交流后请给自己加上 5 分) 4. 对于微信群中其他同学提出的问题,你帮助解答了几次呢?(每解答一次请给自己加上 8 分) 5. 你集到的"赞"的数量。(1 个"赞"加 1 分) 你得到的总分为_____

🥚 自学学案

微课视频

了解面点	芽菜燕麦冠顶饺(图 2-3-1-1)。 芽菜燕麦冠顶饺,属于中式面点创新设计方法中的造型变化法。以传统蒸饺造型为基础,采用形似鸡冠与塔顶的创意理念进行造型创意。以芽菜为馅料,皮面加入燕麦粉制作的中式面点,不仅造型独特,而且营养丰富。芽菜是用芥菜的嫩茎划成丝后腌制而成,和燕麦粉配合使用,使这道面点富含维生素 E、B 族维生素、叶酸、泛酸。燕麦粉中还含有谷类粮食普遍缺少的皂苷,能够增强人体免疫力。芽菜燕麦冠顶饺含糖量较低,是糖尿病、动脉硬化、高血脂与高血压患者的良好食物。
面点配方	皮面:中筋面粉 300 g、燕麦粉 30 g、盐 1 g、温水 175 g、猪油 10 g。 馅心:芽菜 250 g、肉馅 100 g、色拉油 25 g、生抽 15 g(图 2-3-1-2)。
面点制作流程	**(一)和面** 中筋面粉、燕麦粉和盐一起混合均匀,加猪油和温水揉成光滑的面团,松弛 15 min(图 2-3-1-3)。 **(二)制馅** 芽菜浸泡之后,将水分挤干,锅中倒入少许色拉油,放入肉馅炒香,加生抽调味,再加芽菜炒香即可出锅,出锅后将馅晾凉(图 2-3-1-4)。 **(三)成型** 面团按每个 12 g 分剂,擀成面皮,包入炒好的芽菜馅,捏成冠顶饺的形状,摆入蒸屉(图 2-3-1-5)。 **(四)成熟** 旺火蒸 8 min 即成(图 2-3-1-6)。
面点的创新设计	同学们,请以芽菜燕麦冠顶饺这道面点为例,通过造型变化法的应用,创新设计出一道新颖的面点,并在下面的表格中填写你设计的面点配方与制作流程。 1. **面点名称:**_____

续表

面点的创新设计	2. 面点配方	
	原料名称	用量
	3. 制作流程	

图 2-3-1-1　芽菜燕麦冠顶饺

图 2-3-1-2　面点配方

图 2-3-1-3　面团松弛

图 2-3-1-4　制馅

图 2-3-1-5　成型

图 2-3-1-6　成熟

心得与评价

1. 请大家在下面写一写自己在创新设计与制作面点中的感受（包括你的困惑、你怎样解决困惑、你解决不掉的困惑、技术上遇到的瓶颈、失败的案例、解决问题时你头脑中迸发的灵感、你到达成功彼岸的方法等）

2. 老师的评价（请老师为你填写）

3. 同学们的评价（至少请 3 位同学为你填写）

4. 行业专家的评价

实训报告与考核标准

① 实训报告

实训时间		指导老师	
一、实训内容与过程记述			
二、实训结果与产品质量			
三、实训总结与体会			
（详细总结自己的收获,针对本次实训有何想法？有何不足？怎样去弥补本次不足）			

❷ **考核标准**

（1）技能考核标准

序号	核分项目	标准分数	得分数
1	创新点运用、外形美观度	25	
2	产品大小均匀度	20	
3	产品馅心口味	25	
4	产品成熟度	20	
5	操作流程及卫生规范	10	
6	总分		

（2）能力与评价得分

项目	创新与技能	通用能力	小组互评	老师评价
标准分数	70	10	10	10
得分数				
总分				

考核说明：

创新与技能：学生的创新点运用与操作标准，根据完成情况打分。

通用能力：包括出勤（按时到岗、学习准备就绪），衣着，行为规范（自觉遵守纪律、有责任心和荣誉感），学习态度（积极主动、不怕困难、勇于探索），团队分工合作（能融入集体、愿意接受任务并积极完成）。实行扣分制，根据情况扣 1～6 分。

小组互评：值周小组对各小组任务完成的整体情况进行评价，按照优秀 10 分、良好 8 分、合格 6 分、不合格 4 分的标准进行打分，计入每个组员的成绩中。

老师评价：老师对各小组任务完成的整体情况进行评价，按照优秀 10 分、良好 8 分、合格 6 分、不合格 4 分的标准进行打分，计入每个组员的成绩中。

学生成长日记

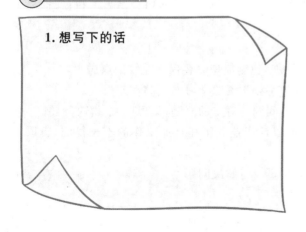

1. 想写下的话

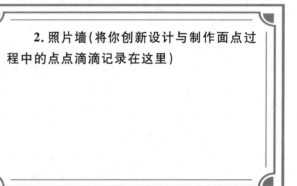

2. 照片墙（将你创新设计与制作面点过程中的点点滴滴记录在这里）

扫码看课件

任务 2 造型变化法应用 2

 自主学习任务单

	任务名称	造型变化法应用2
自学内容、方法与建议	案　例	如意紫薯包
	学习目标	1．知识与技能目标 (1) 能说出各种原料的营养特点。 (2) 能描述发酵面团的形成原理。 (3) 能描述发酵面团的种类和调制方法。 (4) 了解传统豆沙包的制作方法与产品要求,通过造型变化法的应用,创新设计并制作出新的面点品种。 2．过程与方法目标 (1) 中式面点创新设计方法:造型变化法的应用。 (2) 能够合理地选择相关原辅材料。 (3) 能够熟练地进行面团的调制、成形、熟制等工艺。 3．道德情感与价值观目标 (1) 操作过程中精益求精,面点产品质量力求完美,培养自己的工匠意识。 (2) 节约食材,不浪费,做到物尽其用。 (3) 学习过程中能够与其他同学紧密合作,及时沟通,提升自身团队合作意识。 (4) 勤洗手,戴好口罩,配合国家防疫及卫生要求。 (5) 操作过程符合食品加工卫生要求,培养良好的卫生习惯。 4．学习重点和难点 (1) 重点:利用创意造型的方式设计创新面点。 解析:在传统发酵面团中加入紫薯,改变皮面颜色,包入奶香紫薯馅料,使面点具有新的外观、新的风味和新的口感。
	学习方法与建议	(2) 难点:产品成型。 解析:两块面团的厚度要有统一标准,包制成型时要保证花纹圆点居中。 1．充分学习学案与微课,并通过数字教学资源学习面点制作知识。 2．各组同学之间多沟通,发现自身问题与对方的问题,集思广益,解决问题。 3．在中式面点专业微信群中多向以前毕业并正在行业工作的学长提问,听取意见。 4．不到万不得已不向教师提问,尽量自行解决问题。 5．多做多练多动脑。
	信息化环境要求	1．拥有能够扫码与上网的智能手机或平板电脑。 2．以班级为单位建立微信群,便于经验交流。 3．至少邀请一名行业专家进入微信群,以便能够随时为群中的学生们提供帮助,及时做出评价。

续表

学习任务	学习内容与过程	学习方法建议与提示
学习任务 了解面点	阅读学案,学习技能案例。	找出并突破重点与难点,灵活思考,激发自己的创新灵感。
微课自学	扫描二维码,观看微课视频,自主学习并反复练习。	按照微课的教学任务逐步操作,通过自主学习与练习,深度理解面点制作过程中的环节与关键点。
创新设计面点	通过以上知识与技能的学习,找出创新点,根据造型变化法的创新原则,创制出新的面点。	总结经验,互相交流,运用最有效率的学习方法完成面点创新设计任务。

练习与检测	自行思考、交流、练习,遇到难点先不要问老师,要学会自主地去解决问题,解决不了的问题标记出来,在课堂实践中提问并讨论,大家一起在老师的帮助下解决问题。
交流与反馈	同学们,完成学习任务的过程中你有没有遇到困难呢?如果有的话,可以在中式面点专业微信群里进行交流,也可以给学长留言。 　　每个人遇到的问题都会有所不同,大家可以互相帮助,说出你的见解。对于认真交流和反馈,或者积极帮助他人的同学,老师将记录下来进行日常考核加分。 　　可以把做得比较成功的案例相片发到朋友圈,同学们视其品相优劣给出自己的"赞",集"赞"较多的小组给予加分。
困惑与建议	1. 学习过程中遇到的问题或难点。 　　2. 对于微课自主学习的新模式,你有哪些感受?对于微课的内容,你还有什么改进意见吗?(如难度、语速、画面等)
自我评价	1. 是否认真完整地观看了老师制作的微课视频?(如果做到认真观看,请给自己加上 20 分) 　　2. 是否独立思考与学习,完成学习任务?(每独立思考并完成一个任务后,请给自己加上 20 分) 　　3. 你有几次在线反馈交流呢?(每次在线反馈交流后请给自己加上 5 分) 　　4. 对于微信群中其他同学提出的问题,你帮助解答了几次呢?(每解答一次请给自己加上 8 分) 　　5. 你集到的"赞"的数量。(1 个"赞"加 1 分) 你得到的总分为_____

了解面点	如意紫薯包(图 2-3-2-1)。 这是在传统豆沙包的基础上,通过改变皮面颜色进行创新的一道中式面点,属于创新设计方法中的造型变化法。 紫薯除具有普通红薯的营养成分外,还富含硒、铁和花青素,可以改善视力、预防癌症、降低心脑血管的发病率。紫薯和面粉搭配形成的面团经酵母发酵后,营养更丰富。在调制面团时要注意面粉的用量、水量、水温、酵母的用量等。制出成品颜色艳丽、造型美观、膨松暄软、馅心奶香、薯香浓郁。
面点配方	面点配方(图 2-3-2-2)。 白色皮面:中筋面粉 350 g、泡打粉 2 g、酵母 3 g、绵糖 20 g、猪油 10 g、温水 175 g。紫色皮面:面包粉 150 g、紫薯粉 20 g、绵糖 20 g、猪油 10 g、温水 85 g。紫薯馅心:紫薯粉 400 g、牛奶 500 g、绵糖 100 g、淡奶油 600 g、甜炼乳 1 罐、黄油 20 g。
面点制作流程	**(一)和面** 1. 白色面团　将中筋面粉与泡打粉一起混合过筛,置于案板上,扒出面窝,将酵母与绵糖一起混合,加入温水搅拌,将酵母化开,加入面粉打成面絮,加入猪油调成面团,揉出光滑面团松弛待用(图 2-3-2-3)。 2. 紫色面团　将面包粉与紫薯粉一起过筛,之后按照调制白色面团的投料顺序调制成面团松弛待用(图2-3-2-4)。 **(二)制馅** 将牛奶与绵糖混合加热至烧开,冲入紫薯粉中,边冲入边搅拌,之后分次加入淡奶油,顺一个方向搅拌均匀,再加入甜炼乳和融化后的黄油,拌匀即可(图 2-3-2-5)。 **(三)成型** 1. 将两块松弛好的面团分别擀成 35 cm×55 cm 的长方形薄片,白色面坯表面均匀地刷一层清水,将紫色面坯放在上面,用平杖将表面擀平,在紫色面坯表面再均匀地刷一层清水,由上至下,将面坯卷成筒状(图2-3-2-6)。 2. 顶刀切每个 25 g 的面剂(图 2-3-2-7)。 3. 将分好的面剂擀成稍厚的皮面,包入馅心,入醒发箱,醒发 10 min(图 2-3-2-8)。 **(四)成熟** 待生坯醒发至 1.5 倍,大火蒸制 8 min 即可(图 2-3-2-9)。
面点的创新设计	同学们,请以如意紫薯包这道面点为例,通过造型变化法的应用,创新设计出一道新颖的面点,并在下面的表格中填写你设计的面点配方与制作流程。 1. 面点名称:＿＿＿＿＿＿＿＿＿＿＿＿＿＿

面点的创新设计	2. 面点配方	
	原料名称	用量

3. 制作流程

图 2-3-2-1　如意紫薯包

图 2-3-2-2　面点配方

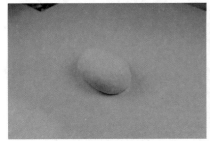

图 2-3-2-3　白色面团

图 2-3-2-4　面粉过筛

图 2-3-2-5　制馅

图 2-3-2-6　面坯卷筒

图 2-3-2-7　切面剂

图 2-3-2-8　成型

图 2-3-2-9　成熟

心得与评价

1. 请大家在下面写一写自己在创新设计与制作面点中的感受（包括你的困惑、你怎样解决困惑、你解决不掉的困惑、技术上遇到的瓶颈、失败的案例、解决问题时你头脑中迸发的灵感、你到达成功彼岸的方法等）

2. 老师的评价（请老师为你填写）

3. 同学们的评价（至少请 3 位同学为你填写）

4. 行业专家的评价

实训报告与考核标准

❶ 实训报告

实训时间		指导老师	
一、实训内容与过程记述			
二、实训结果与产品质量			
三、实训总结与体会			
(详细总结自己的收获,针对本次实训有何想法？有何不足？怎样去弥补本次不足)			

❷ 考核标准

（1）技能考核标准

序号	核分项目	标准分数	得分数
1	创新点运用、外形美观度	25	
2	产品大小均匀度	20	
3	产品馅心口味	25	
4	产品成熟度	20	
5	操作流程及卫生规范	10	
6	总分		

（2）能力与评价得分

项目	创新与技能	通用能力	小组互评	老师评价
标准分数	70	10	10	10
得分数				
总分				

考核说明：

创新与技能：学生的创新点运用与操作标准，根据完成情况打分。

通用能力：包括出勤（按时到岗、学习准备就绪），衣着，行为规范（自觉遵守纪律、有责任心和荣誉感），学习态度（积极主动、不怕困难、勇于探索），团队分工合作（能融入集体、愿意接受任务并积极完成）。实行扣分制，根据情况扣 1～6 分。

小组互评：值周小组对各小组任务完成的整体情况进行评价，按照优秀 10 分、良好 8 分、合格 6 分、不合格 4 分的标准进行打分，计入每个组员的成绩中。

老师评价：老师对各小组任务完成的整体情况进行评价，按照优秀 10 分、良好 8 分、合格 6 分、不合格 4 分的标准进行打分，计入每个组员的成绩中。

学生成长日记

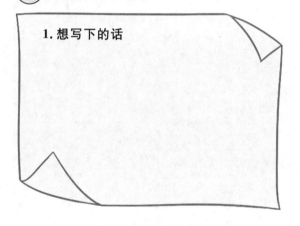

1. 想写下的话

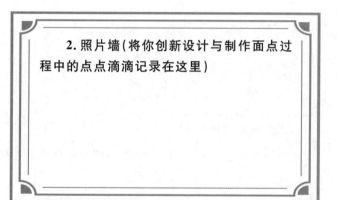

2. 照片墙（将你创新设计与制作面点过程中的点点滴滴记录在这里）

扫码看课件

任务 3　食料变化法应用 1

自主学习任务单

自学内容、方法与建议	任务名称	食料变化法应用 1
	案　例	椰香松子酥
	学习目标	1. 知识与技能目标 （1）能说出各种原料的应用特点。 （2）掌握混酥面团的调制工艺。 （3）熟练掌握椰香松子酥的成型技巧。 （4）了解传统混酥面团制品的制作方法与产品要求，通过食料变化法的应用，创新设计并制作出新的面点品种。

续表

自学内容、方法与建议	学习目标	2. 过程与方法目标 (1) 中式面点创新设计方法:食料变化法。 (2) 能够合理地选择相关原辅材料。 (3) 能够熟练地进行椰香松子酥的制作。 3. 道德情感与价值观目标 (1) 操作过程中精益求精,面点产品质量力求完美,培养自己的工匠意识。 (2) 节约食材,不浪费,做到物尽其用。 (3) 学习过程中能够与其他同学紧密合作,及时沟通,提升自身团队合作意识。 (4) 勤洗手,戴好口罩,配合国家防疫及卫生要求。 (5) 操作过程符合食品加工卫生要求,培养良好的卫生习惯。 4. 学习重点和难点 (1) 重点:根据食材特性,利用改变原料来增加营养而设计创新面点。 解析:此产品是在传统混酥类干点的基础上,通过添加椰子油来增加产品的营养成分,同时加入了松子,丰富了产品的口味。 (2) 难点:调制面团。 解析:此产品属于混酥类面点制品,在调制面团时一定注意不能用普通揉面的方法,要用手掌复叠法来调制面团,动作要快、时间要短,否则面团容易起筋,影响口感。
	学习方法与建议	1. 充分学习学案与微课,并通过数字教学资源学习面点制作知识。 2. 各组同学之间多沟通,发现自身问题与对方的问题,集思广益,解决问题。 3. 在中式面点专业微信群中多向以前毕业并正在行业工作的学长提问,听取意见。 4. 不到万不得已不向教师提问,尽量自行解决问题。 5. 多做多练多动脑。
	信息化环境要求	1. 拥有能够扫码与上网的智能手机或平板电脑。 2. 以班级为单位建立微信群,便于经验交流。 3. 至少邀请一名行业专家进入微信群,以便能够随时为群中的学生们提供帮助,及时做出评价。

	学习任务	学习内容与过程	学习方法建议与提示
学习任务	了解面点	阅读学案,学习技能案例。	找出并突破重点与难点,灵活思考,激发自己的创新灵感。
	微课自学	扫描二维码,观看微课视频,自主学习并反复练习。	按照微课的教学任务逐步操作,通过自主学习与练习,深度理解面点制作过程中的环节与关键点。
	创新设计面点	通过以上知识与技能的学习,找出创新点,根据食料变化法的创新原则,创制出新的面点。	总结经验,互相交流,运用最有效率的学习方法完成面点创新设计任务。

练习与检测	自行思考、交流、练习,遇到难点先不要问老师,要学会自主地去解决问题,解决不了的问题标记出来,在课堂实践中提问并讨论,大家一起在老师的帮助下解决问题。
交流与反馈	同学们,完成学习任务的过程中你有没有遇到困难呢? 如果有的话,可以在中式面点专业微信群里进行交流,也可以给学长留言。 每个人遇到的问题都会有所不同,大家可以互相帮助,说出你的见解。对于认真交流和反馈,或者积极帮助他人的同学,老师将记录下来进行日常考核加分。 可以把做得比较成功的案例相片发到朋友圈,同学们视其品相优劣给出自己的"赞",集"赞"较多的小组给予加分。
困惑与建议	1. 学习过程中遇到的问题或难点。 2. 对于微课自主学习的新模式,你有哪些感受? 对于微课的内容,你还有什么改进意见吗?(如难度、语速、画面等)
自我评价	1. 是否认真完整地观看了老师制作的微课视频?(如果做到认真观看,请给自己加上 20 分) 2. 是否独立思考与学习,完成学习任务?(每独立思考并完成一个任务后,请给自己加上 20 分) 3. 你有几次在线反馈交流呢?(每次在线反馈交流后请给自己加上 5 分) 4. 对于微信群中其他同学提出的问题,你帮助解答了几次呢?(每解答一次请给自己加上 8 分) 5. 你集到的"赞"的数量。(1 个"赞"加 1 分) 你得到的总分为＿＿＿＿＿＿＿＿＿＿＿＿＿

微课视频

了解面点	椰香松子酥(图 2-3-3-1)。 椰香松子酥是在传统混酥面点制品的基础上,加入椰子油制作的一道创新面点。采用椰子油和松子面和面,制品有松子的香气和椰子油的香味。松子和椰子油配搭具有美发、养颜、润肤、美容、降低血脂、健脾开胃、软化血管、补益气血,润燥滑肠等功效。面点成品香气浓郁、口感酥脆,造型美观。
面点配方	面点配方(图 2-3-3-2)。 鸡蛋 1 个、熟松子 80 g、熟核桃仁 50 g、椰蓉 40 g、低筋面粉 500 g。 蛋黄液适量、黄油 150 g,椰子油 120 g。

面点制作流程	（一）和面 1. 将黄油与椰子油搅拌均匀，分次加入鸡蛋搅拌至充分乳化。 2. 加入其余的原料，叠匀即为混酥面团（图 2-3-3-3）。 （二）成型 每个分剂 25 g，放入椭圆形模具中，用手按实、按平，脱掉模具，在侧面刷上蛋白，粘上椰蓉，在表面刷上蛋黄液，用叉子划上花纹，摆入烤盘，即为椰香松子酥生坯（图 2-3-3-4）。 （三）成熟 将生坯入炉，温度为 190 ℃/170 ℃烤制 15 min 上色，取出装盘装饰即可（图 2-3-3-5）。
面点的创新设计	同学们，请以椰香松子酥这道面点为例，通过食料变化法的应用，创新设计出一道新颖的面点，并在下面的表格中填写你设计的面点配方与制作流程。 1. 面点名称：_____ 2. 面点配方 　　　　　原料名称　　　　　　　　　　　　　用量 3. 制作流程

图 2-3-3-1 椰香松子酥

图 2-3-3-2 面点配方

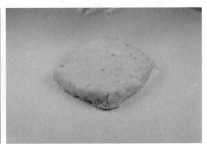

图 2-3-3-3 混酥面团

图 2-3-3-4 生坯

图 2-3-3-5 成熟

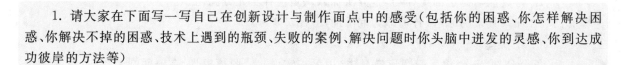 心得与评价

1. 请大家在下面写一写自己在创新设计与制作面点中的感受（包括你的困惑、你怎样解决困惑、你解决不掉的困惑、技术上遇到的瓶颈、失败的案例、解决问题时你头脑中迸发的灵感、你到达成功彼岸的方法等）

2. 老师的评价（请老师为你填写）

3. 同学们的评价（至少请 3 位同学为你填写）

4. 行业专家的评价

实训报告与考核标准

❶ 实训报告

实训时间		指导老师	
一、实训内容与过程记述			

续表

二、实训结果与产品质量
三、实训总结与体会
（详细总结自己的收获,针对本次实训有何想法？有何不足？怎样去弥补本次不足）

❷ 考核标准

（1）技能考核标准

序号	核分项目	标准分数	得分数
1	创新点运用、外形美观度	25	
2	产品大小均匀度	20	
3	产品馅心口味	25	
4	产品成熟度	20	
5	操作流程及卫生规范	10	
6	总分		

（2）能力与评价得分

项目	创新与技能	通用能力	小组互评	老师评价
标准分数	70	10	10	10
得分数				
总分				

考核说明:

创新与技能:学生的创新点运用与操作标准,根据完成情况打分。

通用能力:包括出勤(按时到岗、学习准备就绪),衣着,行为规范(自觉遵守纪律、有责任心和荣誉感),学习态度(积极主动、不怕困难、勇于探索),团队分工合作(能融入集体、愿意接受任务并积极完成)。实行扣分制,根据情况扣1~6分。

小组互评:值周小组对各小组任务完成的整体情况进行评价,按照优秀10分、良好8分、合格6分、不合格4分的标准进行打分,计入每个组员的成绩中。

老师评价:老师对各小组任务完成的整体情况进行评价,按照优秀10分、良好8分、合格6分、不合格4分的标准进行打分,计入每个组员的成绩中。

学生成长日记

1. 想写下的话

2. 照片墙（将你创新设计与制作面点过程中的点点滴滴记录在这里）

任务4 食料变化法应用2

扫码看课件

自主学习任务单

任务名称	食料变化法应用2	
案　　例	八宝菠萝饼	
自学内容、方法与建议	学习目标	1. 知识与技能目标 (1) 能说出各种原料的应用特点。 (2) 掌握混酥面团的调制工艺。 (3) 熟练掌握八宝菠萝饼的成型技巧。 (4) 了解传统混酥面团制品的制作方法与产品要求,通过食料变化法的应用,创新设计并制作出新的面点品种。 2. 过程与方法目标 (1) 中式面点创新设计方法:食料变化法。 (2) 能够合理地选择相关原辅材料。 (3) 能够熟练地进行八宝菠萝饼的制作。 3. 道德情感与价值观目标 (1) 操作过程中精益求精,面点产品质量力求完美,培养自己的工匠意识。 (2) 节约食材,不浪费,做到物尽其用。 (3) 学习过程中能够与其他同学紧密合作,及时沟通,提升自身团队合作意识。 (4) 勤洗手,戴好口罩,配合国家防疫及卫生要求。 (5) 操作过程符合食品加工卫生要求,培养良好的卫生习惯。 4. 学习重点和难点 (1) 重点:根据食材特性,利用改变原料来增加营养而设计创新面点。 解析:此产品是在传统混酥类干点的基础上,通过添加八宝馅料来增加产品的营养成分,丰富产品的口味,配以菠萝纹路造型,吸引眼球。

续表

自学内容、方法与建议	学习目标	（2）难点：调制面团。 解析：此产品属于混酥类面点制品，在调制面团时一定注意不能用普通揉面的方法，要用手掌复叠法来调制面团，动作要快，时间要短，否则面团容易起筋，影响口感。	
	学习方法与建议	1. 充分学习学案与微课，并通过数字教学资源学习面点制作知识。 2. 各组同学之间多沟通，发现自身问题与对方的问题，集思广益，解决问题。 3. 在中式面点专业微信群中多向以前毕业并正在行业工作的学长提问，听取意见。 4. 不到万不得已不向教师提问，尽量自行解决问题。 5. 多做多练多动脑。	
	信息化环境要求	1. 拥有能够扫码与上网的智能手机或平板电脑。 2. 以班级为单位建立微信群，便于经验交流。 3. 至少邀请一名行业专家进入微信群，以便能够随时为群中的学生们提供帮助，及时做出评价。	
学习任务	学习任务	学习内容与过程	学习方法建议与提示
	了解面点	阅读学案，学习技能案例。	找出并突破重点与难点，灵活思考，激发自己的创新灵感。
	微课自学	扫描二维码，观看微课视频，自主学习并反复练习。	按照微课的教学任务逐步操作，通过自主学习与练习，深度理解面点制作过程中的环节与关键点。
	创新设计面点	通过以上知识与技能的学习，找出创新点，根据食料变化法的创新原则，创制出新的面点。	总结经验，互相交流，运用最有效率的学习方法完成面点创新设计任务。
练习与检测		自行思考、交流、练习，遇到难点先不要问老师，要学会自主地去解决问题，解决不了的问题标记出来，在课堂实践中提问并讨论，大家一起在老师的帮助下解决问题。	
交流与反馈		同学们，完成学习任务的过程中你有没有遇到困难呢？如果有的话，可以在中式面点专业微信群里进行交流，也可以给学长留言。 每个人遇到的问题都会有所不同，大家可以互相帮助，说出你的见解。对于认真交流和反馈，或者积极帮助他人的同学，老师将记录下来进行日常考核加分。 可以把做得比较成功的案例相片发到朋友圈，同学们视其品相优劣给出自己的"赞"，集"赞"较多的小组给予加分。	

续表

困惑与建议	1. 学习过程中遇到的问题或难点。 2. 对于微课自主学习的新模式,你有哪些感受？对于微课的内容,你还有什么改进意见吗?(如难度、语速、画面等)
自我评价	1. 是否认真完整地观看了老师制作的微课视频?(如果做到认真观看,请给自己加上 20 分) 2. 是否独立思考与学习,完成学习任务?(每独立思考并完成一个任务后,请给自己加上 20 分) 3. 你有几次在线反馈交流呢?(每次在线反馈交流后请给自己加上 5 分) 4. 对于微信群中其他同学提出的问题,你帮助解答了几次呢?(每解答一次请给自己加上 8 分) 5. 你集到的"赞"的数量。(1 个"赞"加 1 分) 你得到的总分为＿＿＿＿＿＿＿＿＿＿＿＿＿

微课视频

🥚 自学学案

了解面点	八宝菠萝饼(图 2-3-4-1)。 　　八宝菠萝饼是在混酥面团包入传统单一馅料的基础上,加入多种果干与莲蓉馅制成。八宝菠萝饼口感丰富,口味香甜,造型美观。这种制作方法属于创新设计面点方法中的食料变化法。
面点配方	面点配方(图 2-3-4-2)。 皮面:黄油 65 g、绵糖 26 g、全蛋 20 g、蜂蜜 10 g、奶粉 12 g、低筋面粉 110 g。 馅心:白莲蓉 200 g、蔓越莓干 30 g、黄桃果脯 30 g、芒果干 30 g、草莓干 30 g、菠萝干 30 g、猕猴桃干 30 g、杏脯 30 g。 辅料:蛋黄液(表面刷蛋液用)。
面点制作流程	(一) 和面 1. 黄油和绵糖混合搓均匀,分次加入鸡蛋和蜂蜜。 2. 将低筋面粉、奶粉加入步骤 1 的混合物中,利用复叠法调成混酥面团(图 2-3-4-3)。 (二) 制馅 将馅心所需原料一起混合后,分成若干个约 30 g 的馅心(图 2-3-4-4)。 (三) 成型 将醒好的面团分成每个 40 g 的面剂,包入馅心,捏成团之后,放入蛋挞模具中,按成圆饼,利用刮板在表面压出菱形花纹,均匀地刷上蛋黄液,即为八宝菠萝饼生坯(图 2-3-4-5)。 (四) 成熟 烤箱预热至 190 ℃/190 ℃,生坯入烤箱,烤制 15 min,表面上色即可(图 2-3-4-6)。

面点的创新设计

　　同学们,请以八宝菠萝饼这道面点为例,通过食料变化法的应用,创新设计出一道新颖的面点,并在下面的表格中填写你设计的面点配方与制作流程。

　　1. 面点名称:＿＿＿＿＿＿＿＿＿＿＿＿＿＿＿＿＿

　　2. 面点配方

原料名称	用量

　　3. 制作流程

图 2-3-4-1　八宝菠萝饼

图 2-3-4-2　面点配方

图 2-3-4-3　和面

图 2-3-4-4　制馅

图 2-3-4-5　生坯刷蛋黄液

图 2-3-4-6　成熟

心得与评价

1. 请大家在下面写一写自己在创新设计与制作面点中的感受(包括你的困惑、你怎样解决困惑、你解决不掉的困惑、技术上遇到的瓶颈、失败的案例、解决问题时你头脑中迸发的灵感、你到达成功彼岸的方法等)

2. 老师的评价(请老师为你填写)

3. 同学们的评价(至少请 3 位同学为你填写)

4. 行业专家的评价

实训报告与考核标准

❶ 实训报告

实训时间			指导老师	
一、实训内容与过程记述				
二、实训结果与产品质量				

续表

三、实训总结与体会

（详细总结自己的收获,针对本次实训有何想法？有何不足？怎样去弥补本次不足）

❷ **考核标准**

（1）技能考核标准

序号	核分项目	标准分数	得分数
1	创新点运用、外形美观度	25	
2	产品大小均匀度	20	
3	产品馅心口味	25	
4	产品成熟度	20	
5	操作流程及卫生规范	10	
6	总分		

（2）能力与评价得分

项目	创新与技能	通用能力	小组互评	老师评价
标准分数	70	10	10	10
得分数				
总分				

考核说明：

创新与技能:学生的创新点运用与操作标准,根据完成情况打分。

通用能力:包括出勤(按时到岗、学习准备就绪),衣着,行为规范(自觉遵守纪律、有责任心和荣誉感),学习态度(积极主动、不怕困难、勇于探索),团队分工合作(能融入集体、愿意接受任务并积极完成)。实行扣分制,根据情况扣1~6分。

小组互评:值周小组对各小组任务完成的整体情况进行评价,按照优秀10分、良好8分、合格6分、不合格4分的标准进行打分,计入每个组员的成绩中。

老师评价:老师对各小组任务完成的整体情况进行评价,按照优秀10分、良好8分、合格6分、不合格4分的标准进行打分,计入每个组员的成绩中。

学生成长日记

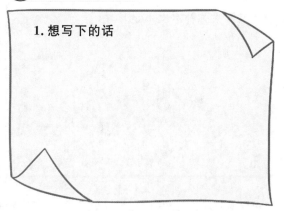

1. 想写下的话

2. 照片墙（将你创新设计与制作面点过程中的点点滴滴记录在这里）

任务 5　食料变化法应用 3

扫码看课件

自主学习任务单

	任务名称	食料变化法应用 3
自学内容、方法与建议	案　例	夜皇后
	学习目标	1. 知识与技能目标 (1) 能说出各种原料的营养特点。 (2) 掌握暗酥面团及剖酥的相关理论知识。 (3) 熟练掌握大包酥的相关知识和技法。 (4) 了解传统中式面点荷花酥的制作方法与产品要求,通过食料变化法的应用,创新设计并制作出新的面点品种。 2. 过程与方法目标 (1) 中式面点创新设计方法:食料变化法。 (2) 能够合理地选择相关原辅材料。 (3) 能够熟练地进行大包酥操作。 3. 道德情感与价值观目标 (1) 操作过程中精益求精,面点产品质量力求完美,培养自己的工匠意识。 (2) 节约食材,不浪费,做到物尽其用。 (3) 学习过程中能够与其他同学紧密合作,及时沟通,提升自身团队合作意识。 (4) 勤洗手,戴好口罩,配合国家防疫及卫生要求。 (5) 操作过程符合食品加工卫生要求,培养良好的卫生习惯。 4. 学习重点和难点 (1) 重点:利用变换食材和制作工艺的方式设计创新面点。 解析:在传统荷花酥的配方中加入竹炭粉,将荷花的造型改良成郁金香的样式,用食用金箔装饰,使面点造型美观、口感酥脆。

续表

自学内容、方法与建议	学习目标	（2）难点：产品成型。 解析：要注意大包酥的开酥技法，成型时采用剞刀手法，刀身向外，刀刃向里，将刀剞入原料三分之二左右，下刀深度要相等，每一瓣的距离要均匀。
	学习方法与建议	1. 充分学习学案与微课，并通过数字教学资源学习面点制作知识。 2. 各组同学之间多沟通，发现自身问题与对方的问题，集思广益，解决问题。 3. 在中式面点专业微信群中多向以前毕业并正在行业工作的学长提问，听取意见。 4. 不到万不得已不向教师提问，尽量自行解决问题。 5. 多做多练多动脑。
	信息化环境要求	1. 拥有能够扫码与上网的智能手机或平板电脑。 2. 以班级为单位建立微信群，便于经验交流。 3. 至少邀请一名行业专家进入微信群，以便能够随时为群中的学生们提供帮助，及时做出评价。

	学习任务	学习内容与过程	学习方法建议与提示
学习任务	了解面点	阅读学案，学习技能案例。	找出并突破重点与难点，灵活思考，激发自己的创新灵感。
	微课自学	扫描二维码，观看微课视频，自主学习并反复练习。	按照微课的教学任务逐步操作，通过自主学习与练习，深度理解面点制作过程中的环节与关键点。
	创新设计面点	通过以上知识与技能的学习，找出创新点，根据食料变化法的创新原则，创制出新的面点。	总结经验，互相交流，运用最有效率的学习方法完成面点创新设计任务。

练习与检测	自行思考、交流、练习，遇到难点先不要问老师，要学会自主地去解决问题，解决不了的问题标记出来，在课堂实践中提问并讨论，大家一起在老师的帮助下解决问题。
交流与反馈	同学们，完成学习任务的过程中你有没有遇到困难呢？如果有的话，可以在中式面点专业微信群里进行交流，也可以给学长留言。 每个人遇到的问题都会有所不同，大家可以互相帮助，说出你的见解。对于认真交流和反馈，或者积极帮助他人的同学，老师将记录下来进行日常考核加分。 可以把做得比较成功的案例相片发到朋友圈，同学们视其品相优劣给出自己的"赞"，集"赞"较多的小组给予加分。
困惑与建议	1. 学习过程中遇到的问题或难点。 2. 对于微课自主学习的新模式，你有哪些感受？对于微课的内容，你还有什么改进意见吗？（如难度、语速、画面等）

续表

自我评价	1. 是否认真完整地观看了老师制作的微课视频？（如果做到认真观看,请给自己加上 20 分） 2. 是否独立思考与学习,完成学习任务？（每独立思考并完成一个任务后,请给自己加上 20 分） 3. 你有几次在线反馈交流呢？（每次在线反馈交流后请给自己加上 5 分） 4. 对于微信群中其他同学提出的问题,你帮助解答了几次呢？（每解答一次请给自己加上 8 分） 5. 你集到的"赞"的数量。（1 个"赞"加 1 分） 你得到的总分为＿＿＿＿＿＿＿＿＿＿＿＿＿＿＿＿

微课视频

了解面点	夜皇后(图 2-3-5-1)。 夜皇后是在传统中式点心荷花酥的基础上演变而来的一款面点制品,其制法以荷花酥为基础,形似郁金香,由于加入新兴原料竹炭粉,使产品既高雅洁丽,又平添了一份神秘的感觉。
面点配方	面点配方(图 2-3-5-2)。 水油皮面团:高筋面粉 480 g、竹炭粉 10 g、雪白乳化油 50 g、绵白糖 10 g、水 300 g。 干油酥面团:熟面粉 300 g、雪白乳化油 150 g。 馅心:莲蓉馅(每个 15 g)。 辅料:成熟用色拉油、白芝麻、蛋白液。
面点制作流程	（一）和面 1. 调制水油皮　高筋面粉、竹炭粉和绵白糖混合均匀,加水调成面团,揉出光面待用。 2. 调制干油酥　熟面粉加雪白乳化油,用手掌根部将二者搓匀至无干粉颗粒即可(图 2-3-5-3)。 （二）成型 1. 开酥工艺　使用水油皮包入干油酥,利用大包酥的手法,开 2 个 3 折,用圆形卡模卡出面剂,包入馅心,封口处刷蛋白液,沾少许白芝麻,放入冰箱冷藏 15 min(图 2-3-5-4)。 2. 将生坯从冰箱中取出,用刀在生坯表面划出十字花刀(图 2-3-5-5)。 （三）成熟 油温升至 160 ℃,将生坯下入锅中,边炸边用筷子将四瓣层次向外捋顺,炸至层次清晰可见,完全定型即可取出装盘(图 2-3-5-6)。
面点的创新设计	同学们,请以夜皇后这道面点为例,通过食料变化法的应用,创新设计出一道新颖的面点,并在下面的表格中填写你设计的面点配方与制作流程。 1. 面点名称:＿＿＿＿＿＿＿＿＿＿＿＿＿＿＿＿＿＿＿

续表

面点的创新设计	2. 面点配方	
	原料名称	用量
	3. 制作流程	

图 2-3-5-1 　夜皇后

图 2-3-5-2 　面点配方

图 2-3-5-3 　和面

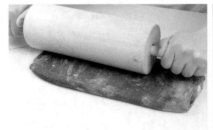

图 2-3-5-4 　开酥

图 2-3-5-5 　划十字花刀

图 2-3-5-6 　炸至定型

心得与评价

1. 请大家在下面写一写自己在创新设计与制作面点中的感受时（包括你的困惑、你怎样解决困惑、你解决不掉的困惑、技术上遇到的瓶颈、失败的案例、解决问题时你头脑中迸发的灵感、你到达成功彼岸的方法等）

2. 老师的评价（请老师为你填写）

3. 同学们的评价（至少请 3 位同学为你填写）

4. 行业专家的评价

实训报告与考核标准

❶ 实训报告

实训时间		指导老师	
一、实训内容与过程记述			
二、实训结果与产品质量			
三、实训总结与体会			
（详细总结自己的收获，针对本次实训有何想法？有何不足？怎样去弥补本次不足）			

❷ 考核标准

（1）技能考核标准

序号	核分项目	标准分数	得分数
1	创新点运用、外形美观度	25	
2	产品大小均匀度	20	
3	产品馅心口味	25	
4	产品成熟度	20	
5	操作流程及卫生规范	10	
6	总分		

（2）能力与评价得分

项目	创新与技能	通用能力	小组互评	老师评价
标准分数	70	10	10	10
得分数				
总分				

考核说明：

创新与技能：学生的创新点运用与操作标准，根据完成情况打分。

通用能力：包括出勤（按时到岗、学习准备就绪），衣着，行为规范（自觉遵守纪律、有责任心和荣誉感），学习态度（积极主动、不怕困难、勇于探索），团队分工合作（能融入集体、愿意接受任务并积极完成）。实行扣分制，根据情况扣 1～6 分。

小组互评：值周小组对各小组任务完成的整体情况进行评价，按照优秀 10 分、良好 8 分、合格 6 分、不合格 4 分的标准进行打分，计入每个组员的成绩中。

老师评价：老师对各小组任务完成的整体情况进行评价，按照优秀 10 分、良好 8 分、合格 6 分、不合格 4 分的标准进行打分，计入每个组员的成绩中。

学生成长日记

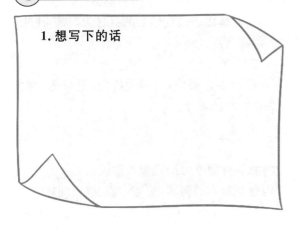

1. 想写下的话

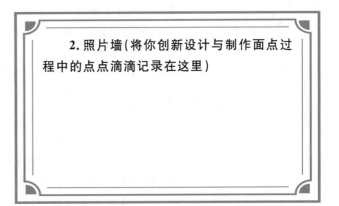

2. 照片墙（将你创新设计与制作面点过程中的点点滴滴记录在这里）

扫码看课件

任务6 口味融合变化法应用

自主学习任务单

<table>
<tr><td rowspan="4">自学内容、方法与建议</td><td>任务名称</td><td colspan="2">口味融合变化法应用</td></tr>
<tr><td>案　例</td><td colspan="2">千层麻香肉角</td></tr>
<tr><td>学习目标</td><td colspan="2">

1. 知识与技能目标

(1) 能说出各种原料的应用特点。

(2) 掌握大包酥的工艺。

(3) 熟练掌握千层麻香肉角的工艺技巧。

(4) 了解传统千层酥角的制作方法与产品要求,通过口味融合变化法的应用,创新设计并制作出新的面点品种。

2. 过程与方法目标

(1) 中式面点创新设计方法:口味融合变化法。

(2) 能够合理地选择相关原辅材料。

(3) 能够熟练地进行千层麻香肉角的制作。

3. 道德情感与价值观目标

(1) 操作过程中精益求精,面点产品质量力求完美,培养自己的工匠意识。

(2) 节约食材,不浪费,做到物尽其用。

(3) 学习过程中能够与其他同学紧密合作,及时沟通,提升自身团队合作意识。

(4) 勤洗手,戴好口罩,配合国家防疫及卫生要求。

(5) 操作过程符合食品加工卫生要求,培养良好的卫生习惯。

4. 学习重点和难点

(1) 重点:通过变换食材,改变馅心和外形,融合变化味道来创新面点。

解析:传统的面点千层酥角香甜酥松,在此基础上改变馅心的食材为肉馅,使味道由甜味变成咸味,通过口味融合变化法创新面点。

(2) 难点:开酥工艺。

解析:此面点要求大包酥技法熟练,开酥时动作要快,力量要均匀,要求每一次擀制都能使面坯薄厚均匀,每一次折叠都要将面坯等分。

</td></tr>
<tr><td>学习方法与建议</td><td colspan="2">

1. 充分学习学案与微课,并通过数字教学资源学习面点制作知识。

2. 各组同学之间多沟通,发现自身问题与对方的问题,集思广益,解决问题。

3. 在中式面点专业微信群中多向以前毕业并正在行业工作的学长提问,听取意见。

4. 不到万不得已不向教师提问,尽量自行解决问题。

5. 多做多练多动脑。

</td></tr>
</table>

续表

自学内容、方法与建议	信息化环境要求	1. 拥有能够扫码与上网的智能手机或平板电脑。 2. 以班级为单位建立微信群,便于经验交流。 3. 至少邀请一名行业专家进入微信群,以便能够随时为群中的学生们提供帮助,及时做出评价。	
学习任务	学习任务	学习内容与过程	学习方法建议与提示
	了解面点	阅读学案,学习技能案例。	找出并突破重点与难点,灵活思考,激发自己的创新灵感。
	微课自学	扫描二维码,观看微课视频,自主学习并反复练习。	按照微课的教学任务逐步操作,通过自主学习与练习,深度理解面点制作过程中的环节与关键点。
	创新设计面点	通过以上知识与技能的学习,找出创新点,根据口味融合变化法的创新原则,创制出新的面点。	总结经验,互相交流,运用最有效率的学习方法完成面点创新设计任务。
练习与检测		自行思考、交流、练习,遇到难点先不要问老师,要学会自主地去解决问题,解决不了的问题标记出来,在课堂实践中提问并讨论,大家一起在老师的帮助下解决问题。	
交流与反馈		同学们,完成学习任务的过程中你有没有遇到困难呢?如果有的话,可以在中式面点专业微信群里进行交流,也可以给学长留言。 　　每个人遇到的问题都会有所不同,大家可以互相帮助,说出你的见解。对于认真交流和反馈,或者积极帮助他人的同学,老师将记录下来进行日常考核加分。 　　可以把做得比较成功的案例相片发到朋友圈,同学们视其品相优劣给出自己的"赞",集"赞"较多的小组给予加分。	
困惑与建议		1. 学习过程中遇到的问题或难点。 2. 对于微课自主学习的新模式,你有哪些感受?对于微课的内容,你还有什么改进意见吗?(如难度、语速、画面等)	
自我评价		1. 是否认真完整地观看了老师制作的微课视频?(如果做到认真观看,请给自己加上 20 分) 2. 是否独立思考与学习,完成学习任务?(每独立思考并完成一个任务后,请给自己加上 20 分) 3. 你有几次在线反馈交流呢?(每次在线反馈交流后请给自己加上 5 分)	

自我评价	4. 对于微信群中其他同学提出的问题,你帮助解答了几次呢?(每解答一次请给自己加上8分) 5. 你集到的"赞"的数量。(1 个"赞"加 1 分) 你得到的总分为_____

微课视频

自学学案

了解面点	千层麻香肉角(图 2-3-6-1)。 传统的面点千层酥角具有香甜酥松的特点,在此基础上,将馅心变更为肉馅,使传统甜馅变成咸馅,在生坯表面多粘了一层芝麻,使创新后的面点表皮甜香酥脆、馅心咸香味美,点心整体口味层次丰富,肉香与芝麻香能够完美结合。
面点配方	面点配方(图 2-3-6-2)。 水油皮:中筋面粉 250 g、鸡蛋 1 个、黄油 35 g、绵糖 50 g、盐 1 g、水 125 g。 干油酥:片状酥油 150 g。 馅心:前槽猪肉馅 250 g、盐 3 g、味精 4 g、白胡椒粉 2 g、葱姜汁 20 g、生抽 5 g、色拉油 30 g。 辅料:蛋白液、生白芝麻适量(表面装饰用)。
面点制作流程	(一)和面 1. 调制水油皮　将中筋面粉与盐混合均匀,扒出面窝,将黄油与绵糖混合均匀,分次加入鸡蛋,最后加入水与中筋面粉混合,调成面团,揉出光面待用(图 2-3-6-3)。 2. 准备干油酥　片状酥油砸软,整理成型待用(图 2-3-6-4)。 (二)制馅 前槽猪肉馅加盐顺一个方向搅至上劲,加入葱姜汁搅匀,之后依次加入其余调味料,调成馅心(图 2-3-6-5)即可。 (三)成型 1. 大包酥　水油皮包入砸好的干油酥,利用走槌进行三个 3 折的擀制,第三个 3 折擀完后将面坯擀成 0.5 cm 的薄片(图 2-3-6-6)。 2. 切片　切出边长为 8 cm 的正方形薄片(图 2-3-6-7)。 3. 刷蛋白液　取一个面剂,将馅心放在中间,在面剂边缘刷上蛋白液,之后将面剂对折,表面再刷一层蛋白液,粘上白芝麻即为千层麻香肉角生坯(图 2-3-6-8)。 (四)成熟 生坯摆入烤盘,烤箱升温 210 ℃/200 ℃,烤制 18 min,取出摆盘装饰即可(图 2-3-6-9)。
面点的创新设计	同学们,请以千层麻香肉角这道面点为例,通过口味融合变化法的应用,创新设计出一道新颖的面点,并在下面的表格中填写你设计面点的配方与制作流程。 1. 面点名称:_____

续表

面点的创新设计	2. 面点配方	
	原料名称	用量

3. 制作流程

图 2-3-6-1　千层麻香肉角

图 2-3-6-2　面点配方

图 2-3-6-3　和面

图 2-3-6-4　整理成型

图 2-3-6-5　调制馅心

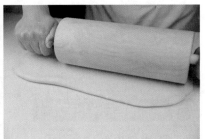

图 2-3-6-6　擀制薄片

图 2-3-6-7　切出薄片

图 2-3-6-8　刷蛋白液

图 2-3-6-9　成品摆盘

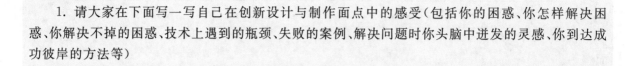

心得与评价

　　1. 请大家在下面写一写自己在创新设计与制作面点中的感受（包括你的困惑、你怎样解决困惑、你解决不掉的困惑、技术上遇到的瓶颈、失败的案例、解决问题时你头脑中迸发的灵感、你到达成功彼岸的方法等）

　　2. 老师的评价（请老师为你填写）

　　3. 同学们的评价（至少请 3 位同学为你填写）

　　4. 行业专家的评价

实训报告与考核标准

❶ 实训报告

实训时间		指导老师	
一、实训内容与过程记述			

续表

二、实训结果与产品质量
三、实训总结与体会
(详细总结自己的收获,针对本次实训有何想法? 有何不足? 怎样去弥补本次不足)

❷ 考核标准

(1) 技能考核标准

序号	核分项目	标准分数	得分数
1	创新点运用、外形美观度	25	
2	产品大小均匀度	20	
3	产品馅心口味	25	
4	产品成熟度	20	
5	操作流程及卫生规范	10	
6	总分		

(2) 能力与评价得分

项目	创新与技能	通用能力	小组互评	老师评价
标准分数	70	10	10	10
得分数				
总分				

考核说明:

创新与技能:学生的创新点运用与操作标准,根据完成情况打分。

通用能力:包括出勤(按时到岗、学习准备就绪),衣着,行为规范(自觉遵守纪律、有责任心和荣誉感),学习态度(积极主动、不怕困难、勇于探索),团队分工合作(能融入集体、愿意接受任务并积极完成)。实行扣分制,根据情况扣 1~6 分。

小组互评:值周小组对各小组任务完成的整体情况进行评价,按照优秀 10 分、良好 8 分、合格 6 分、不合格 4 分的标准进行打分,计入每个组员的成绩中。

老师评价:老师对各小组任务完成的整体情况进行评价,按照优秀 10 分、良好 8 分、合格 6 分、不合格 4 分的标准进行打分,计入每个组员的成绩中。

学生成长日记

1. 想写下的话

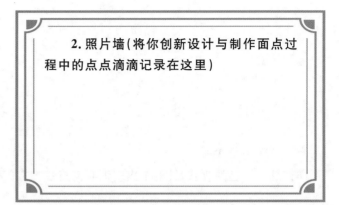

2. 照片墙（将你创新设计与制作面点过程中的点点滴滴记录在这里）

任务 7　食材搭配创新法应用

扫码看课件

自主学习任务单

自学内容、方法与建议	任务名称	食材搭配创新法应用
	案　例	枣香莲子黄米糕
	学习目标	1. 知识与技能目标 （1）能说出各种原料的应用特点。 （2）掌握米粉类面团的调制工艺。 （3）熟练掌握枣香莲子黄米糕的成型技巧。 （4）了解传统米粉类面团制品的制作方法与产品要求,通过食材搭配创新法的应用,创新设计并制作新的面点品种。 2. 过程与方法目标 （1）中式面点创新设计方法:食材搭配创新法。 （2）能够合理地选择相关原辅材料。 （3）能够熟练地进行枣香莲子黄米糕的制作。 3. 道德情感与价值观目标 （1）操作过程中精益求精,面点产品质量力求完美,培养自己的工匠意识。 （2）节约食材,不浪费,做到物尽其用。 （3）学习过程中能够与其他同学紧密合作,及时沟通,提升自身团队合作意识。 （4）勤洗手,戴好口罩,配合国家防疫及卫生要求。 （5）操作过程符合食品加工卫生要求,培养良好的卫生习惯。 4. 学习重点和难点 （1）重点:通过多种用途的食材搭配,增加产品营养的方式设计创新面点。 解析:此产品在传统米糕的基础上,增加了莲子和金丝枣,具有补血益气,养心安神的功效。当下人们的生活,养生已经成为一种潮流,因此制作养生面点会是未

自学内容、方法与建议	学习目标	来的一个方向。 （2）难点：制作成型。 解析：此产品主料为黄米，黄米黏性很大，所以蒸制成熟后极不容易成型，在成型时，工具或者手上可抹少许植物油，这样就很容易成型，不容易粘连。
	学习方法与建议	1. 充分学习学案与微课，并通过数字教学资源学习面点制作知识。 2. 各组同学之间多沟通，发现自身问题与对方的问题，集思广益，解决问题。 3. 在中式面点专业微信群中多向以前毕业并正在行业工作的学长提问，听取意见。 4. 不到万不得已不向教师提问，尽量自行解决问题。 5. 多做多练多动脑。
	信息化环境要求	1. 拥有能够扫码与上网的智能手机或平板电脑。 2. 以班级为单位建立微信群，便于经验交流。 3. 至少邀请一名行业专家进入微信群，以便能够随时为群中的学生们提供帮助，及时做出评价。

	学习任务	学习内容与过程	学习方法建议与提示
学习任务	了解面点	阅读学案，学习技能案例。	找出并突破重点与难点，灵活思考，激发自己的创新灵感。
	微课自学	扫描二维码，观看微课视频，自主学习并反复练习。	按照微课的教学任务逐步操作，通过自主学习与练习，深度理解面点制作过程中的环节与关键点。
	创新设计面点	通过以上知识与技能的学习，找出创新点，根据食材搭配创新法的创新原则，创制出新的面点。	总结经验，互相交流，运用最有效率的学习方法完成面点创新设计任务。

练习与检测	自行思考、交流、练习，遇到难点先不要问老师，要学会自主地去解决问题，解决不了的问题标记出来，在课堂实践中提问并讨论，大家一起在老师的帮助下解决问题。
交流与反馈	同学们，完成学习任务的过程中你有没有遇到困难呢？如果有的话，可以在中式面点专业微信群里进行交流，也可以给学长留言。 每个人遇到的问题都会有所不同，大家可以互相帮助，说出你的见解。对于认真交流和反馈，或者积极帮助他人的同学，老师将记录下来进行日常考核加分。 可以把做得比较成功的案例相片发到朋友圈，同学们视其品相优劣给出自己的"赞"，集"赞"较多的小组给予加分。

续表

困惑与建议	1. 学习过程中遇到的问题或难点。 2. 对于微课自主学习的新模式,你有哪些感受? 对于微课的内容,你还有什么改进意见吗? (如难度、语速、画面等)
自我评价	1. 是否认真完整地观看了老师制作的微课视频? (如果做到认真观看,请给自己加上 20 分) 2. 是否独立思考与学习,完成学习任务? (每独立思考并完成一个任务后,请给自己加上 20 分) 3. 你有几次在线反馈交流呢? (每次在线反馈交流后请给自己加上 5 分) 4. 对于微信群中其他同学提出的问题,你帮助解答了几次呢? (每解答一次请给自己加上 8 分) 5. 你集到的"赞"的数量。(1 个"赞"加 1 分) 你得到的总分为 _____

自学学案

微课视频

了解面点		枣香莲子黄米糕(图 2-3-7-1)。 　　枣香莲子黄米糕是在传统米粉类面团制品的基础上,改变皮面食材而制作的一道创新面点。此产品在传统米糕的基础上,增加了莲子和金丝枣泥,使产品具有补血益气,养心安神的功效。
面点配方	主料	面点配方(图 2-3-7-2)。 水发黄米 300 g、莲子 100 g、金丝枣泥 50 g、绵糖 50 g。
	配料与调辅料	色拉油少许、枸杞适量(表面装饰)。
面点制作流程		1. 将黄米洗净,加水大火蒸制 40 min,取出加入绵糖拌匀(图 2-3-7-3)。 2. 将莲子洗净后蒸至熟烂,捣成莲子泥,与金丝枣泥混合均匀(图 2-3-7-4)。 3. 取出椭圆形模具,模具内侧刷一层色拉油,取 10 g 黄米饭放入,铺平;再放入 10 g 莲子枣泥,同样铺平;最上面再放一层黄米饭,如此反复,总共铺 5 层,铺平压实之后脱掉模具,在表面放一颗枸杞作为装饰,摆盘即可(图 2-3-7-5)。
面点的创新设计		同学们,请以枣香莲子黄米糕这道面点为例,通过食材搭配创新法的应用,创新设计出一道新颖的面点,并在下面的表格中填写你设计面点的配方与制作流程。 　　1. 面点名称:_____

续表

面点的创新设计	2. 面点配方	
	原料名称	用量
	3. 制作流程	

图 2-3-7-1 枣香莲子黄米糕

图 2-3-7-2 面点配方

图 2-3-7-3 黄米加水

图 2-3-7-4 捣泥

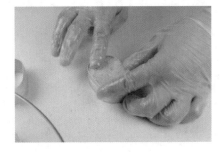

图 2-3-7-5 整理成型

心得与评价

1. 请大家在下面写一写自己在创新设计与制作面点中的感受(包括你的困惑、你怎样解决困惑、你解决不掉的困惑、技术上遇到的瓶颈、失败的案例、解决问题时你头脑中迸发的灵感、你到达成功彼岸的方法等)

2. 老师的评价（请老师为你填写）

3. 同学们的评价（至少请 3 位同学为你填写）

4. 行业专家的评价

实训报告与考核标准

❶ 实训报告

实训时间		指导老师	
一、实训内容与过程记述			
二、实训结果与产品质量			
三、实训总结与体会			
（详细总结自己的收获,针对本次实训有何想法？有何不足？怎样去弥补本次不足）			

❷ 考核标准

（1）技能考核标准

序号	核分项目	标准分数	得分数
1	创新点运用、外形美观度	25	
2	产品大小均匀度	20	
3	产品馅心口味	25	
4	产品成熟度	20	
5	操作流程及卫生规范	10	
6	总分		

（2）能力与评价得分

项目	创新与技能	通用能力	小组互评	老师评价
标准分数	70	10	10	10
得分数				
总分				

考核说明：

创新与技能：学生的创新点运用与操作标准，根据完成情况打分。

通用能力：包括出勤（按时到岗、学习准备就绪），衣着，行为规范（自觉遵守纪律、有责任心和荣誉感），学习态度（积极主动、不怕困难、勇于探索），团队分工合作（能融入集体、愿意接受任务并积极完成）。实行扣分制，根据情况扣 1～6 分。

小组互评：值周小组对各小组任务完成的整体情况进行评价，按照优秀 10 分、良好 8 分、合格 6 分、不合格 4 分的标准进行打分，计入每个组员的成绩中。

老师评价：老师对各小组任务完成的整体情况进行评价，按照优秀 10 分、良好 8 分、合格 6 分、不合格 4 分的标准进行打分，计入每个组员的成绩中。

🍳 学生成长日记

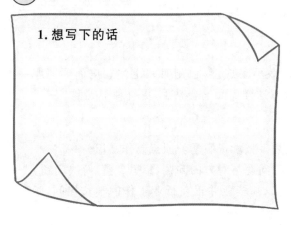

1.想写下的话

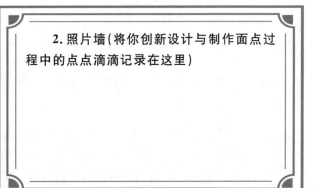

2.照片墙（将你创新设计与制作面点过程中的点点滴滴记录在这里）

扫码看课件

任务 8 食趣变化法应用

	任务名称	食趣变化法应用
自学内容、方法与建议	案　　例	荔枝果
	学习目标	1.知识与技能目标 (1)能说出各种原料的应用特点。 (2)掌握米粉面团的调制工艺。 (3)熟练掌握荔枝果的成型技巧。 (4)了解麻团的制作方法与产品要求,通过添加脆香粒,增添产品在食用上的趣味,在传统口感基础上进行创新设计并制作出新的面点品种。 2.过程与方法目标 (1)中式面点创新设计方法:食趣变化法。 (2)能够合理地选择相关原辅材料。 (3)能够熟练地进行荔枝果的制作。 3.道德情感与价值观目标 (1)操作过程中精益求精,面点产品质量力求完美,培养自己的工匠意识。 (2)节约食材,不浪费,做到物尽其用。 (3)学习过程中能够与其他同学紧密合作,及时沟通,提升自身团队合作意识。 (4)勤洗手,戴好口罩,配合国家防疫及卫生要求。 (5)操作过程符合食品加工卫生要求,培养良好的卫生习惯。 4.学习重点和难点 (1)重点:利用原料特性,增加配料设计创新面点。 解析:此产品是在常见麻团的基础上,将馅心改变为整颗鲜荔枝,在表面粘裹红色的脆香粒,皮面具有软糯香脆的口感,馅心具有鲜荔枝的甜美,丰富了成品的色彩和趣味。 (2)难点:成型。 解析:此产品选用糯米粉制作,松散不易成型,包制时一定注意皮面要薄厚一致,手上可以粘一层糯米粉或者色拉油,这样皮面不会粘手,更有利于成型。
	学习方法与建议	1.充分学习学案与微课,并通过数字教学资源学习面点制作知识。 2.各组同学之间多沟通,发现自身问题与对方的问题,集思广益,解决问题。 3.在中式面点专业微信群中多向以前毕业并正在行业工作的学长提问,听取意见。 4.不到万不得已不向教师提问,尽量自行解决问题。 5.多做多练多动脑。

续表

自学内容、方法与建议	信息化环境要求	1. 拥有能够扫码与上网的智能手机或平板电脑。 2. 以班级为单位建立微信群,便于经验交流。 3. 至少邀请一名行业专家进入微信群,以便能够随时为群中的学生们提供帮助,及时做出评价。	
学习任务	学习任务	学习内容与过程	学习方法建议与提示
	了解面点	阅读学案,学习技能案例。	找出并突破重点与难点,灵活思考,激发自己的创新灵感。
	微课自学	扫描二维码,观看微课视频,自主学习并反复练习。	按照微课的教学任务逐步操作,通过自主学习与练习,深度理解面点制作过程中的环节与关键点。
	创新设计面点	通过以上知识与技能的学习,找出创新点,根据食趣变化法的创新原则,创制出新的面点。	总结经验,互相交流,运用最有效率的学习方法完成面点创新设计任务。
练习与检测		自行思考、交流、练习,遇到难点先不要问老师,要学会自主地去解决问题,解决不了的问题标记出来,在课堂实践中提问并讨论,大家一起在老师的帮助下解决问题。	
交流与反馈		同学们,完成学习任务的过程中你有没有遇到困难呢?如果有的话,可以在中式面点专业微信群里进行交流,也可以给学长留言。 　　每个人遇到的问题都会有所不同,大家可以互相帮助,说出你的见解。对于认真交流和反馈,或者积极帮助他人的同学,老师将记录下来进行日常考核加分。 　　可以把做得比较成功的案例相片发到朋友圈,同学们视其品相优劣给出自己的"赞",集"赞"较多的小组给予加分。	
困惑与建议		1. 学习过程中遇到的问题或难点。 　　2. 对于微课自主学习的新模式,你有哪些感受?对于微课的内容,你还有什么改进意见吗?(如难度、语速、画面等)	
自我评价		1. 是否认真完整地观看了老师制作的微课视频?(如果做到认真观看,请给自己加上 20 分) 　　2. 是否独立思考与学习,完成学习任务?(每独立思考并完成一个任务后,请给自己加上 20 分) 　　3. 你有几次在线反馈交流呢?(每次在线反馈交流后请给自己加上 5 分) 　　4. 对于微信群中其他同学提出的问题,你帮助解答了几次呢?(每解答一次请给自己加上 8 分) 　　5. 你集到的"赞"的数量。(1 个"赞"加 1 分) 　　你得到的总分为＿＿＿＿＿＿＿＿＿＿＿＿＿＿＿	

微课视频

了解面点	荔枝果(图 2-3-8-1)。 荔枝果是在常见麻团配料的基础上,将馅心换成整颗荔枝,使荔枝的酸甜鲜美与糯米皮的软糯完美结合,将表面的白芝麻换成红色脆香粒,做成荔枝形状,使外观与馅心内外呼应。	
面点配方	主料	面点配方(图 2-3-8-2)。 皮面:糯米粉 200 g、澄粉 30 g、绵糖 20 g、乳化油 30 g、沸水 90 g、冷水 50 g。 馅心:整颗荔枝。
	配料与调辅料	红色脆香粒。
面点制作流程	（一）和面 1. 将糯米粉平均分成 2 份,各 100 g,取 100 g 糯米粉与 30 g 澄粉混合,加入沸水,烫成粉团;趁热加入乳化油,揉搓均匀成团(图 2-3-8-3)。 2. 取剩余的糯米粉与绵糖混合,加入冷水调成粉团,最后将两块粉团揉匀合成一块粉团即可(图 2-3-8-4)。 （二）制馅 将新鲜荔枝清洗干净,去皮、去核备用。 （三）成型 将调好的粉团分剂,每个 25 g,面剂中间扒窝,将荔枝包入封口;蒸屉表面刷一层色拉油,将制作好的生坯摆入蒸屉(图 2-3-8-5)。 （四）成熟 将蒸屉放入蒸箱,大火蒸 7 min;取出趁热粘裹上红色脆香粒,表面装饰上薄荷叶即可(图 2-3-8-6)。	
面点的创新设计	同学们,请以荔枝果这道面点为例,通过食趣变化法的应用,创新设计出一道新颖的面点,并在下面的表格中填写你设计的面点配方与制作流程。 1. 面点名称:＿＿＿＿＿＿＿＿＿＿＿＿＿＿＿＿＿ 2. 面点配方 原料名称 用量 3. 制作流程	

图 2-3-8-1　荔枝果

图 2-3-8-2　面点配方

图 2-3-8-3　加入沸水

图 2-3-8-4　和面

图 2-3-8-5　荔枝包入封口

图 2-3-8-6　粘裹红色脆香粒

心得与评价

1. 请大家在下面写一写自己在创新设计与制作面点中的感受（包括你的困惑、你怎样解决困惑、你解决不掉的困惑、技术上遇到的瓶颈、失败的案例、解决问题时你头脑中迸发的灵感、你到达成功彼岸的方法等）

2. 老师的评价（请老师为你填写）

3. 同学们的评价（至少请 3 位同学为你填写）

4. 行业专家的评价

实训报告与考核标准

① 实训报告

实训时间		指导老师	
一、实训内容与过程记述			
二、实训结果与产品质量			
三、实训总结与体会			
（详细总结自己的收获,针对本次实训有何想法？有何不足？怎样去弥补本次不足）			

② 考核标准

（1）技能考核标准

序号	核分项目	标准分数	得分数
1	创新点运用、外形美观度	25	
2	产品大小均匀度	20	
3	产品馅心口味	25	
4	产品成熟度	20	
5	操作流程及卫生规范	10	
6	总分		

（2）能力与评价得分

项目	创新与技能	通用能力	小组互评	老师评价
标准分数	70	10	10	10
得分数				
总分				

考核说明:

创新与技能:学生的创新点运用与操作标准,根据完成情况打分。

通用能力:包括出勤(按时到岗、学习准备就绪),衣着,行为规范(自觉遵守纪律、有责任心和荣誉感),学习态度(积极主动、不怕困难、勇于探索),团队分工合作(能融入集体、愿意接受任务并积极完成)。实行扣分制,根据情况扣 1~6 分。

小组互评:值周小组对各小组任务完成的整体情况进行评价,按照优秀 10 分、良好 8 分、合格 6 分、不合格 4 分的标准进行打分,计入每个组员的成绩中。

老师评价:老师对各小组任务完成的整体情况进行评价,按照优秀 10 分、良好 8 分、合格 6 分、不合格 4 分的标准进行打分,计入每个组员的成绩中。

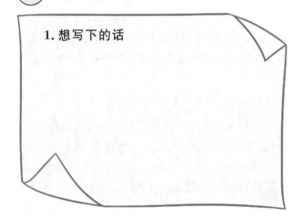

学生成长日记

1. 想写下的话

2. 照片墙(将你创新设计与制作面点过程中的点点滴滴记录在这里)

任务 9　更改用途法应用

扫码看课件

自主学习任务单

	任务名称	更改用途法应用
自学内容、方法与建议	案例	千层酸梅桂花糕
	学习目标	1. 知识与技能目标 (1)能说出各种原料的应用特点。 (2)掌握胶冻类面团的调制工艺。 (3)熟练掌握千层酸梅桂花糕的成型技巧。 (4)了解传统桂花糕的制作方法与产品要求,通过更改用途法的应用,创新设计并制作出新的面点品种。

自学内容、方法与建议	学习目标	2. 过程与方法目标 (1) 中式面点创新设计方法：更改用途法。 (2) 能够合理地选择相关原辅材料。 (3) 能够熟练地进行千层酸梅桂花糕的制作。 3. 道德情感与价值观目标 (1) 操作过程中精益求精，面点产品质量力求完美，培养自己的工匠意识。 (2) 节约食材，不浪费，做到物尽其用。 (3) 学习过程中能够与其他同学紧密合作，及时沟通，提升自身团队合作意识。 (4) 勤洗手，戴好口罩，配合国家防疫及卫生要求。 (5) 操作过程符合食品加工卫生要求，培养良好的卫生习惯。 4. 学习重点和难点 (1) 重点：利用食材的转化与叠加来设计创新面点。 解析：桂花糕常吃，酸梅汁也很常见，把二者合为一体，会有另一番体验，此产品是在广式点心传统桂花糕的基础上做出的创新，产品中既有桂花的香甜，又有山楂和乌梅的酸，呈现出酸甜嫩滑的口感。 (2) 难点：成型工艺。 解析：此产品外形美观，层次清晰均匀，在操作时要做到每一层的分量均衡统一；冷藏时要掌握好程度，一定要一层凝固定型后再倒入下一层，否则会出现混层，影响美观。
	学习方法 与建议	1. 充分学习学案与微课，并通过数字教学资源学习面点制作知识。 2. 各组同学之间多沟通，发现自身问题与对方的问题，集思广益，解决问题。 3. 在中式面点专业微信群中多向以前毕业并正在行业工作的学长提问，听取意见。 4. 不到万不得已不向教师提问，尽量自行解决问题。 5. 多做多练多动脑。
	信息化 环境要求	1. 拥有能够扫码与上网的智能手机或平板电脑。 2. 以班级为单位建立微信群，便于经验交流。 3. 至少邀请一名行业专家进入微信群，以便能够随时为群中的学生们提供帮助，及时做出评价。

学习任务	学习任务	学习内容与过程	学习方法建议与提示
	了解面点	阅读学案，学习技能案例。	找出并突破重点与难点，灵活思考，激发自己的创新灵感。
	微课自学	扫描二维码，观看微课视频，自主学习并反复练习。	按照微课的教学任务逐步操作，通过自主学习与练习，深度理解面点制作过程中的环节与关键点。
	创新设计面点	通过以上知识与技能的学习，找出创新点，根据更改用途法的创新原则，创制出新的面点。	总结经验，互相交流，运用最有效率的学习方法完成面点创新设计任务。

续表

练习与检测	自行思考、交流、练习,遇到难点先不要问老师,要学会自主地去解决问题,解决不了的问题标记出来,在课堂实践中提问并讨论,大家一起在老师的帮助下解决问题。
交流与反馈	同学们,完成学习任务的过程中你有没有遇到困难呢? 如果有的话,可以在中式面点专业微信群里进行交流,也可以给学长留言。 　　每个人遇到的问题都会有所不同,大家可以互相帮助,说出你的见解。对于认真交流和反馈,或者积极帮助他人的同学,老师将记录下来进行日常考核加分。 　　可以把做得比较成功的案例相片发到朋友圈,同学们视其品相优劣给出自己的"赞",集"赞"较多的小组给予加分。
困惑与建议	1. 学习过程中遇到的问题或难点。 　　2. 对于微课自主学习的新模式,你有哪些感受? 对于微课的内容,你还有什么改进意见吗?(如难度、语速、画面等)
自我评价	1. 是否认真完整地观看了老师制作的微课视频?(如果做到认真观看,请给自己加上 20 分) 　　2. 是否独立思考与学习,完成学习任务?(每独立思考并完成一个任务后,请给自己加上 20 分) 　　3. 你有几次在线反馈交流呢?(每次在线反馈交流后请给自己加上 5 分) 　　4. 对于微信群中其他同学提出的问题,你帮助解答了几次呢?(每解答一次请给自己加上 8 分) 　　5. 你集到的"赞"的数量。(1 个"赞"加 1 分) 　　你得到的总分为＿＿＿＿＿＿＿＿＿＿＿＿

自学学案

微课视频

了解面点	千层酸梅桂花糕(图 2-3-9-1)。 　　千层酸梅桂花糕在传统桂花糕的基础上,改变食材的用途进行创新制作,这种创新方法属于创新设计面点方法中的更改用途法。酸梅汁有解暑、提神、健脾、解腻、生津解渴、醒酒保肝等功效,桂花可以散寒破结、化痰止咳,两者结合可使本产品口感丰富,口味酸甜,层次清晰。
面点配方	面点配方(图 2-3-9-2)。 　　酸梅汁部分:干山楂 40 g、乌梅 40 g、陈皮 8 g、甘草 5 g、洛神花 20 g、冰糖 150 g、水 1000 g、吉利丁片 6 片。 　　桂花汁部分:干桂花 15 g、水 1000 g、冰糖 150 g、吉利丁片 6 片。

面点制作流程	（一）酸梅汁部分 1. 干山楂、乌梅、陈皮、甘草、洛神花清洗后冷水浸泡 20 min，之后加入冰糖，大火煮沸后转小火再煮 20 分钟（图 2-3-9-3）。 2. 将吉利丁片泡软后，加入过滤后的酸梅汁中（图 2-3-9-4）。 （二）桂花汁部分 将干桂花清洗浸泡 20 min 后，加入冰糖、水，中火煮 30 min，将泡软的吉利丁片放入过滤后的桂花汁中搅拌至溶化即可（图 2-3-9-5）。 1. 取适量的酸梅汁倒入方形模具中，放入冰箱冷藏至凝固定型；再取相同重量的桂花汁倒入，再放入冰箱中冷藏定型，后面依次叠加至第六层即可（图 2-3-9-6）。 2. 最后定型后将模具取出，脱模切块装盘即可（图 2-3-9-7）。
面点的创新设计	同学们，请以千层酸梅桂花糕这道面点为例，通过更改用途法的应用，创新设计出一道新颖的面点，并在下面的表格中填写你设计的面点配方与制作流程。 1. 面点名称：_____ 2. 面点配方 <table><tr><td>原料名称</td><td>用量</td></tr></table> 3. 制作流程

图 2-3-9-1　千层酸梅桂花糕

图 2-3-9-2　面点配方

图 2-3-9-3　过滤酸梅汁

图 2-3-9-4 酸梅汁中加入吉利丁片

图 2-3-9-5 桂花汁中加入吉利丁片

图 2-3-9-6 倒入模具

图 2-3-9-7 脱模切块

心得与评价

1. 请大家在下面写一写自己在创新设计与制作面点中的感受（包括你的困惑、你怎样解决困惑、你解决不掉的困惑、技术上遇到的瓶颈、失败的案例、解决问题时你头脑中迸发的灵感、你到达成功彼岸的方法等）

2. 老师的评价（请老师为你填写）

3. 同学们的评价（至少请 3 位同学为你填写）

4. 行业专家的评价

 实训报告与考核标准

❶ 实训报告

实训时间		指导老师	
一、实训内容与过程记述			
二、实训结果与产品质量			
三、实训总结与体会			
（详细总结自己的收获,针对本次实训有何想法？有何不足？怎样去弥补本次不足）			

❷ 考核标准

（1）技能考核标准

序号	核分项目	标准分数	得分数
1	创新点运用、外形美观度	25	
2	产品大小均匀度	20	
3	产品馅心口味	25	
4	产品成熟度	20	
5	操作流程及卫生规范	10	
6	总分		

（2）能力与评价得分

项目	创新与技能	通用能力	小组互评	老师评价
标准分数	70	10	10	10
得分数				
总分				

考核说明：

创新与技能：学生的创新点运用与操作标准，根据完成情况打分。

通用能力：包括出勤（按时到岗、学习准备就绪），衣着，行为规范（自觉遵守纪律、有责任心和荣誉感），学习态度（积极主动、不怕困难、勇于探索），团队分工合作（能融入集体、愿意接受任务并积极完成）。实行扣分制，根据情况扣1～6分。

小组互评：值周小组对各小组任务完成的整体情况进行评价，按照优秀10分、良好8分、合格6分、不合格4分的标准进行打分，计入每个组员的成绩中。

老师评价：老师对各小组任务完成的整体情况进行评价，按照优秀10分、良好8分、合格6分、不合格4分的标准进行打分，计入每个组员的成绩中。

🥚 学生成长日记

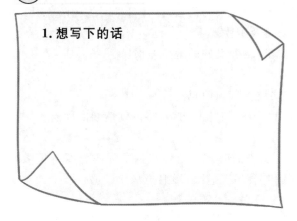

1. 想写下的话

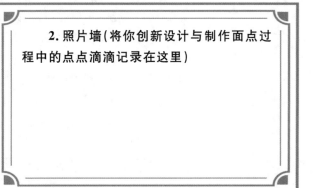

2. 照片墙（将你创新设计与制作面点过程中的点点滴滴记录在这里）

西式面点创新方法应用与实践

任务 1 | 口味融合变化法应用 1

扫码看课件

自主学习任务单

	任务名称	口味融合变化法应用 1
	案 例	蜜桃红茶卷
自学内容、方法与建议	学习目标	1. 知识与技能目标 （1）口味融合变化法的基本功效与作用。 （2）红茶液的萃取方法。 （3）蜜桃红茶卷的制作工艺。 （4）了解基础蛋糕卷的制作方法与产品要求，通过口味融合变化法的应用，创新设计并制作出新的西点品种。 2. 过程与方法目标 （1）西点创新设计方法：口味融合变化法。 （2）了解蛋糕卷烘焙工艺：红茶卷的操作过程。 3. 道德情感与价值观目标 （1）操作过程中精益求精，西点产品质量力求完美，培养自己的工匠意识。 （2）节约食材，不浪费，做到物尽其用。 （3）学习过程中能够与其他同学紧密合作，及时沟通，提升自身团队合作意识。 （4）勤洗手，戴好口罩，配合国家防疫及卫生要求。 （5）操作过程符合食品加工卫生要求，培养良好的卫生习惯。 4. 学习重点和难点 （1）重点：利用口味融合变化的方式设计创新西点。 解析：以传统西点的蛋糕卷为主形状，改变口味和内馅，得以创造新的面点。 （2）难点：红茶卷的制作。 解析：红茶卷的含水量不高，所以在烘烤的时候一定要根据实际的温度调整烘烤时间，时间过长红茶卷会变干，在卷制时会出现裂纹，影响美观和口感。
	学习方法与建议	1. 充分学习学案与微课，并通过数字教学资源学习西点制作知识。 2. 各组同学之间多沟通，发现自身问题与对方的问题，集思广益，解决问题。 3. 在西点专业微信群中多向以前毕业并正在行业工作的学长提问，听取意见。 4. 不到万不得已不向教师提问，尽量自行解决问题。 5. 多做多练多动脑。

自学内容、方法与建议	信息化环境要求	1. 拥有能够扫码与上网的智能手机或平板电脑。 2. 以班级为单位建立微信群，便于经验交流。 3. 至少邀请一名行业专家进入微信群，以便能够随时为群中的学生们提供帮助，及时做出评价。	
学习任务	学习任务	学习内容与过程	学习方法建议与提示
	了解西点	阅读学案，学习技能案例。	找出并突破重点与难点，灵活思考，激发自己的创新灵感。
	微课自学	扫描二维码，观看微课视频，自主学习并反复练习。	按照微课的教学任务逐步操作，通过自主学习与练习，深度理解西点烘焙的环节与关键点。
	创新设计面点	通过以上知识与技能的学习，找出创新点，根据口味融合变化法的创新原则，创制出新的西点。	总结经验，互相交流，运用最有效率的学习方法完成西点创新设计任务。
练习与检测		自行思考、交流、练习，遇到难点先不要问老师，要学会自主地去解决问题，解决不了的问题标记出来，在课堂实践中提问并讨论，大家一起在老师的帮助下解决问题。	
交流与反馈		同学们，完成学习任务的过程中你有没有遇到困难呢？如果有的话，可以在西点专业微信群里进行交流，也可以给学长留言。 每个人遇到的问题都会有所不同，大家可以互相帮助，说出你的见解。对于认真交流和反馈，或者积极帮助他人的同学，老师将记录下来进行日常考核加分。 可以把做得比较成功的案例相片发到朋友圈，同学们视其品相优劣给出自己的"赞"，集"赞"较多的小组给予加分。	
困惑与建议		1. 学习过程中遇到的问题或难点。 2. 对于微课自主学习的新模式，你有哪些感受？对于微课的内容，你还有什么改进意见吗？（如难度、语速、画面等）	
自我评价		1. 是否认真完整地观看了老师制作的微课视频？（如果做到认真观看，请给自己加上 20 分） 2. 是否独立思考与学习，完成学习任务？（每独立思考并完成一个任务后，请给自己加上 20 分）	

| 自我评价 | 3. 你有几次在线反馈交流呢？（每次在线反馈交流后请给自己加上 5 分）
4. 对于微信群中其他同学提出的问题，你帮助解答了几次呢？（每解答一次请给自己加上 8 分）
5. 你集到的"赞"的数量。（1 个"赞"加 1 分）
你得到的总分为 ＿＿＿＿＿＿＿＿＿＿＿＿＿＿＿ |

自学学案

微课视频

| 了解西点 | 蜜桃红茶卷（图 2-4-1-1）。
　　蜜桃红茶卷是在蛋糕卷的基础上，改变食材与口味而制作的一款创新西点。属于创新设计方法中的口味融合变化法。
　　口味融合变化法在食材的选取上最为重要，选用的食材不宜口味过重或颜色过深，当两种或两种以上的食材在同一款西点中出现时，要达到口味融合的口感，外观颜色也要搭配一致，突出创新西点的特点。同时也要考虑到选用食材本身具有的营养成分，以互补为佳，如出现相斥的情况，不可选择同时搭配使用。 |
| 了解西点 | 　　蜜桃红茶卷选用了性味平和的水蜜桃和味道醇厚的红茶。水蜜桃中富含果酸和钙、磷等无机盐，其中铁含量为苹果和梨的 4～6 倍，是缺铁性贫血病人的理想辅助食物，有美肤、清胃、润肺、祛痰、补益气血、养阴生津的作用。红茶品性温和，具有抗氧化作用，能够降低心肌梗死的发病率。红茶还具有帮助胃肠消化、促进食欲等功能。将红茶与富含维生素的水蜜桃搭配，不但可以提升红茶的抗氧化能力，口味层次也更加丰富。 |

蜜桃红茶卷配方	名称	用量/g	投料顺序
	A. 面糊部分		
	蛋白	120	1
	幼砂糖	90	1
	柠檬汁	3	1
	盐	1	1
	蛋黄	54	2
	低筋面粉	50	3
	玉米淀粉	5	3
	牛奶	10	4
	红茶粉	6	3

B. 乳酪馅部分			
马斯卡彭奶酪	40	1	
幼砂糖	20	1	
淡奶油 A	20	1	
淡奶油 B	200	2	
香草籽	2	3	
樱桃白兰地	5	4	
C. 水蜜桃糖液部分			
水	160	1	
幼砂糖	80	1	
樱桃白兰地	20	2	
柠檬汁	5	2	
鲜水蜜桃	2 个	3	
D. 装饰部分			
淡奶油	100		
鲜水蜜桃	适量		
鲜水果	适量		

（左侧竖排：蜜桃红茶卷配方）

（左侧竖排：蜜桃红茶卷制作工艺）

（一）面糊制作

面糊的原料准备见图 2-4-1-2。

1. 先打发蛋白，将 1/3 的幼砂糖、柠檬汁和盐加入蛋白中打至大泡，再加入 1/3 幼砂糖打到泡沫细腻，最后加入 1/3 幼砂糖打至七成发，提起呈弯钩状即可（图 2-4-1-3）。

2. 蛋黄加入蛋白中翻拌均匀，再加入过筛的粉类和牛奶翻拌均匀（图 2-4-1-4）。

3. 倒入模具铺平，轻震入烤箱（图 2-4-1-5）。

4. 烤箱预热上火 165 ℃、下火 180 ℃，烘烤 10～13 min 即可（图 2-4-1-6）。

（二）乳酪馅制作

乳酪馅的原料准备见图 2-4-1-7。

将马斯卡彭奶酪、幼砂糖和淡奶油 A 混合均匀，再加入淡奶油 B、香草籽、樱桃白兰地打至坚挺状（图2-4-1-8）。

（三）水蜜桃糖液制作

水蜜桃糖液的原料准备见图 2-4-1-9。

将鲜水蜜桃切瓣，和水、幼砂糖、柠檬汁、樱桃白兰地放入锅中煮至冒泡，鲜水蜜桃瓣去水备用（图2-4-1-10）。

蜜桃红茶卷制作工艺	（四）制作流程 1. 在红茶卷上薄薄地刷一层水蜜桃糖液（图 2-4-1-11）。 2. 再将乳酪馅均匀地平铺在红茶卷上，取出鲜水蜜桃瓣，整齐地摆放在乳酪馅 1/3 处，从下向上卷起，卷成圆柱形收紧定型（图 2-4-1-12）。 （五）装饰部分 在红茶蜜桃卷表面挤上淡奶油装饰，放上鲜水蜜桃和其他水果点缀（图 2-4-1-13）。
西点的创新设计	同学们，请以蜜桃红茶卷这道西点为例，通过口味融合变化法的应用，创新设计出一道新颖的西点，并在下面的表格中填写出你设计的西点配方与制作流程。 1. 西点名称：_____ 2. 西点配方 原料名称　　　　　　用量　　　　　投料顺序 3. 制作流程

图 2-4-1-1　蜜桃红茶卷

图 2-4-1-2　面糊配方

图 2-4-1-3　打发蛋白

图 2-4-1-4　步骤 1 步骤 2 混合

图 2-4-1-5　倒入模具铺平

图 2-4-1-6　烘烤

图 2-4-1-7　乳酪馅配方

图 2-4-1-8　乳酪馅

图 2-4-1-9　水蜜桃糖液原料

图 2-4-1-10　煮制水蜜桃糖液

图 2-4-1-11　刷水蜜桃糖液

图 2-4-1-12　卷制成型

图 2-4-1-13　装饰点缀

　心得与评价

1. 请大家在下面写一写自己在创新设计与制作西点中的感受（包括你的困惑、你怎样解决困惑、你解决不掉的困惑、技术上遇到的瓶颈、失败的案例、解决问题时你头脑中迸发的灵感、你到达成功彼岸的方法等）

2. 老师的评价（请老师为你填写）

3. 同学们的评价（至少请 3 位同学为你填写）

4. 行业专家的评价

实训报告与考核标准

❶ 实训报告

实训时间		指导老师	
一、实训内容与过程记述			
二、实训结果与产品质量			

续表

三、实训总结与体会
（详细总结自己的收获，针对本次实训有何想法？有何不足？怎样去弥补本次不足）

❷ 考核标准

（1）技能考核标准

序号	核分项目	标准分数	得分数
1	创新点运用、质量与尺寸	60	
2	口味与质感	10	
3	工艺与外观	10	
4	形态与色泽	10	
5	操作时间（60 分钟）	10	
6	总分		

（2）能力与评价得分

项目	创新与技能	通用能力	小组互评	老师评价
标准分数	70	10	10	10
得分数				
总分				

考核说明：

创新与技能：学生的创新点运用与操作标准，根据完成情况打分。

通用能力：包括出勤（按时到岗、学习准备就绪），衣着，行为规范（自觉遵守纪律、有责任心和荣誉感），学习态度（积极主动、不怕困难、勇于探索），团队分工合作（能融入集体、愿意接受任务并积极完成）。实行扣分制，根据情况扣 1～6 分。

小组互评：值周小组对各小组任务完成的整体情况进行评价，按照优秀 10 分、良好 8 分、合格 6 分、不合格 4 分的标准进行打分，计入每个组员的成绩中。

老师评价：老师对各小组任务完成的整体情况进行评价，按照优秀 10 分、良好 8 分、合格 6 分、不合格 4 分的标准进行打分，计入每个组员的成绩中。

学生成长日记

1. 想写下的话

2. 照片墙（将你创新设计与制作过程中的点点滴滴记录在这里）

任务 2 口味融合变化法应用 2

扫码看课件

自主学习任务单

	任务名称	口味融合变化法应用 2
	案　　例	绿茶青梅脆皮卷
自学内容、方法与建议	学习目标	1. 知识与技能目标 （1）创新原料的基本功效与作用。 （2）绿茶的品种和冲泡方法。 （3）绿茶青梅脆皮卷的制作工艺。 （4）了解蛋糕卷的制作方法与产品要求，通过口味融合变化法的应用，创新设计并制作出新的西点品种。 2. 过程与方法目标 （1）西点创新设计方法：口味融合变化法。 （2）了解蛋糕卷烘焙工艺：抹茶卷的制作过程。 3. 道德情感与价值观目标 （1）操作过程中精益求精，西点产品质量力求完美，培养自己的工匠意识。 （2）节约食材，不浪费，做到物尽其用。 （3）学习过程中能够与其他同学紧密合作，及时沟通，提升自身团队合作意识。 （4）勤洗手，戴好口罩，配合国家防疫及卫生要求。 （5）操作过程符合食品加工卫生要求，培养良好的卫生习惯。 4. 学习重点和难点 （1）重点：利用口味融合变化法设计传统西点。 解析：在传统蛋糕卷制作工艺的基础上，增添中式食材元素，通过口味融合，使西点具有新的特色、风味及口感，从而进行产品升级与创新。

自学内容、方法与建议	学习目标	（2）难点:蛋糕卷的烘烤成熟标准。 　　解析:原味蛋糕卷的烘烤成熟标准是表面无粘连,牙签插入无颗粒,轻拍打较实,颜色变金黄色。但抹茶卷在基本成熟时需要加盖锡纸或油纸防止表面上色,再继续烘烤至成熟。	
	学习方法 与建议	1. 充分学习学案与微课,通过数字教学资源学习西点知识。 2. 各组同学之间多沟通,发现自身问题与对方的问题,集思广益,解决问题。 3. 在西点专业微信群中多向以前毕业并正在行业工作的学长提问,听取意见。 4. 不到万不得已不向教师提问,尽量自行解决问题。 5. 多做多练多动脑。	
	信息化 环境要求	1. 拥有能够扫码与上网的智能手机或平板电脑。 2. 以班级为单位建立微信群,便于经验交流。 3. 至少邀请一名行业专家进入微信群,以便能够随时为群中的学生们提供帮助,及时做出评价。	
学习任务	学习任务	学习内容与过程	学习方法建议与提示
	了解西点	阅读学案,学习技能案例。	找出并突破重点与难点,灵活思考,激发自己的创新灵感。
	微课自学	扫描二维码,观看微课视频,自主学习并反复练习。	按照微课的教学任务逐步操作,通过自主学习与练习,深度理解西点烘焙的环节与关键点。
	创新设计面点	通过以上知识与技能的学习,找出创新点,根据口味融合变化法的创新原则,创制出新的西点。	总结经验,互相交流,运用最有效率的学习方法完成西点创新设计任务。
练习与检测		自行思考、交流、练习,遇到难点先不要问老师,要学会自主地去解决问题,解决不了的问题标记出来,在课堂实践中提问并讨论,大家一起在老师的帮助下解决问题。	
交流与反馈		同学们,完成学习任务的过程中你有没有遇到困难呢? 如果有的话,可以在西点专业微信群里进行交流,也可以给学长留言。 　　每个人遇到的问题都会有所不同,大家可以互相帮助,说出你的见解。对于认真交流和反馈,或者积极帮助他人的同学,老师将记录下来进行日常考核加分。 　　可以把做得比较成功的案例相片发到朋友圈,同学们视其品相优劣给出自己的"赞",集"赞"较多的小组给予加分。	

续表

困惑与建议	1. 学习过程中遇到的问题或难点。 2. 对于微课自主学习的新模式,你有哪些感受? 对于微课的内容,你还有什么改进意见吗?(如难度、语速、画面等)
自我评价	1. 是否认真完整地观看了老师制作的微课视频?(如果做到认真观看,请给自己加上 20 分) 2. 是否独立思考与学习,完成学习任务?(每独立思考并完成一个任务后,请给自己加上 20 分) 3. 你有几次在线反馈交流呢?(每次在线反馈交流后请给自己加上 5 分) 4. 对于微信群中其他同学提出的问题,你帮助解答了几次呢?(每解答一次请给自己加上 8 分) 5. 你集到的"赞"的数量。(1 个"赞"加 1 分) 你得到的总分为 _____

微课视频

了解西点	绿茶青梅脆皮卷(图 2-4-2-1)。 　　绿茶青梅脆皮卷是在蛋糕卷的基础上,改变食材而制作的一款创新西点。这种方法属于创新设计方法中的口味融合变化法。 　　绿茶的色泽鲜绿、茶香味浓、甘醇爽口,不仅具有提神清心、清热解暑、消食化痰、去腻减肥、清心除烦、解毒醒酒、生津止渴、降火明目、止痢除湿等药理作用,还对现代疾病,如辐射病、心脑血管病等,有一定的药理功效。青梅性味甘平,可入肝、脾、肺、大肠,具有健康营养价值。 　　青梅和绿茶的搭配,能够起到消除疲劳、清热解毒的功效,这两款食材口感清爽,能够缓解蛋糕卷的甜腻之感。

绿茶青梅脆皮卷配方	名称	用量/g	投料顺序
	A.面糊部分		
	蛋黄	62.5	1
	幼砂糖 A	7	1
	蛋白	110	4
	幼砂糖 B	50	4
	牛奶	15	1
	葡萄籽油	7.5	1

名称	用量/g	投料顺序
绿茶茶汤	10	2
梅子酒	5	2
低筋面粉	30	3
绿茶粉	12	3
糖粉	25	3
柠檬汁	5	4
B. 内馅部分		
淡奶油	250	2
幼砂糖 C	20	2
奶油奶酪	125	1
C. 淋面部分		
坚果青梅丁	30	3
抹茶粉	2	2
可可脂	10	1
白巧克力	100	1

绿茶青梅脆皮卷配方

绿茶青梅脆皮卷制作工艺

（一）面糊部分

面糊部分的原料准备见图 2-4-2-2。

1. 蛋黄、幼砂糖 A、牛奶、葡萄籽油搅拌均匀，加入梅子酒、绿茶茶汤，过筛低筋面粉、绿茶粉、糖粉，混合均匀（图 2-4-2-3）。

2. 蛋白加入柠檬汁，分三次加入幼砂糖 B，最终打至中性发泡（图 2-4-2-4）。

3. 将蛋白糊和蛋黄糊混合均匀，倒入烤盘中抹平（图 2-4-2-5）。

4. 轻震入烤箱，烤箱上火 150 ℃，下火 160 ℃，烘烤 18～25 min，烤至表面不粘连（图 2-4-2-6）。

（二）内馅部分

内馅部分的原料准备见图 2-4-2-7。

将室温软化的奶油奶酪加幼砂糖 C、淡奶油打发（图 2-4-2-8）。

（三）淋面部分

淋面部分的原料见图 2-4-2-9。

隔热水融化白巧克力和可可脂，在融化的可可脂中加入抹茶粉拌匀，将融化的白巧克力和坚果青梅丁混合均匀。

（四）装饰部分

晾好的蛋糕中间铺上夹馅奶油，卷起后冷藏约 30 min，冷藏好的蛋糕卷切块放在晾架上，将淋面倒在蛋糕卷上（图 2-4-2-10）。

西点的创新设计

同学们,请以绿茶青梅脆皮卷这道西点为例,通过口味融合变化法的应用,创新设计出一道新颖的西点,并在下面的表格中填写你设计西点的配方与制作流程。

1. 西点名称:_____

2. 西点配方

原料名称	用量	投料顺序

3. 制作流程

图 2-4-2-1　绿茶青梅脆皮卷

图 2-4-2-2　面糊原料

图 2-4-2-3　混合原料

图 2-4-2-4　打发蛋白

图 2-4-2-5　抹平烤盘

图 2-4-2-6　烘烤出炉

图 2-4-2-7　内馅原料

图 2-4-2-8　打发奶油

图 2-4-2-9　淋面原料

图 2-4-2-10　淋面装饰

心得与评价

1. 请大家在下面写一写自己在创新设计与制作中的感受(包括你的困惑、你怎样解决困惑、你解决不掉的困惑、技术上遇到的瓶颈、失败的案例、解决问题时你头脑中迸发的灵感、你到达成功彼岸的方法等)

2. 老师的评价(请老师为你填写)

3. 同学们的评价(至少请 3 位同学为你填写)

4. 行业专家的评价

实训报告与考核标准

❶ 实训报告

实训时间		指导老师	
一、实训内容与过程记述			
二、实训结果与产品质量			
三、实训总结与体会			
（详细总结自己的收获，针对本次实训有何想法？有何不足？怎样去弥补本次不足）			

❷ 考核标准

（1）技能考核标准

序号	核分项目	标准分数	得分数
1	创新点运用、质量与尺寸	60	
2	口味与质感	10	
3	工艺与外观	10	
4	形态与色泽	10	
5	操作时间（60分钟）	10	
6	总分		

（2）能力与评价得分

项目	创新与技能	通用能力	小组互评	老师评价
标准分数	70	10	10	10
得分数				
总分				

考核说明：

创新与技能：学生的创新点运用与操作标准，根据完成情况打分。

通用能力：包括出勤（按时到岗、学习准备就绪），衣着，行为规范（自觉遵守纪律、有责任心和荣誉感），学习态度（积极主动、不怕困难、勇于探索），团队分工合作（能融入集体、愿意接受任务并积极完成）。实行扣分制，根据情况扣 1～6 分。

小组互评：值周小组对各小组任务完成的整体情况进行评价，按照优秀 10 分、良好 8 分、合格 6 分、不合格 4 分的标准进行打分，计入每个组员的成绩中。

老师评价：老师对各小组任务完成的整体情况进行评价，按照优秀 10 分、良好 8 分、合格 6 分、不合格 4 分的标准进行打分，计入每个组员的成绩中。

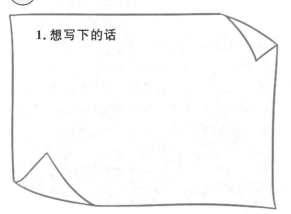

学生成长日记

1. 想写下的话

2. 照片墙（将你创新设计与制作过程中的点点滴滴记录在这里）

任务 3　中西食材融合变化法应用

扫码看课件

自主学习任务单

自学内容、方法与建议	任务名称	中西食材融合变化法应用
	案　例	山楂桂花泡芙
	学习目标	1. 知识与技能目标 （1）创新原料的基本功效与作用。 （2）山楂的处理方法。 （3）山楂桂花泡芙的制作工艺。 （4）了解法式传统甜点泡芙的制作方法与产品要求，通过中西食材融合变化法的应用，创新设计并制作出新的西点品种。

自学内容、方法与建议	学习目标	2. 过程与方法目标 (1) 西点创新设计方法:中西食材融合变化法。 (2) 了解传统泡芙烘焙工艺:山楂泡芙的操作过程。 3. 道德情感与价值观目标 (1) 操作过程中精益求精,西点产品质量力求完美,培养自己的工匠意识。 (2) 节约食材,不浪费,做到物尽其用。 (3) 学习过程中能够与其他同学紧密合作,及时沟通,提升自身团队合作意识。 (4) 勤洗手,戴好口罩,配合国家防疫及卫生要求。 (5) 操作过程符合食品加工卫生要求,培养良好的卫生习惯。 4. 学习重点和难点 (1) 重点:利用变换食材的方式设计创新西点。 解析:以原有食材为主原料,添加带有中国元素且具有营养价值的食材,使西点具有新的特色,新的口感,从而创新西点。 (2) 难点:泡芙面糊的制作。 解析:泡芙面糊中鸡蛋用量与面粉糊化程度有关,当提起面糊时形成长约 4 cm 的倒三角形,有一点流动性即可。
	学习方法与建议	1. 充分学习学案与微课,通过数字教学资源学习西点制作知识。 2. 各组同学之间多沟通,发现自身问题与对方的问题,集思广益,解决问题。 3. 在西点专业微信群中多向以前毕业并正在行业工作的学长提问,听取意见。 4. 不到万不得已不向教师提问,尽量自行解决问题。 5. 多做多练多动脑。
	信息化环境要求	1. 拥有能够扫码与上网的智能手机或平板电脑。 2. 以班级为单位建立微信群,便于经验交流。 3. 至少邀请一名行业专家进入微信群,以便能够随时为群中的学生们提供帮助,及时做出评价。

学习任务	学习任务	学习内容与过程	学习方法建议与提示
	了解西点	阅读学案,学习技能案例。	找出并突破重点与难点,灵活思考,激发自己的创新灵感。
	微课自学	扫描二维码,观看微课视频,自主学习并反复练习。	按照微课的教学任务逐步操作,通过自主学习与练习,深度理解西点烘焙的环节与关键点。
	创新设计西点	通过以上知识与技能的学习,找出创新点,根据中西食材融合变化法的创新原则,创制出新的西点。	总结经验,互相交流,运用最有效率的学习方法完成西点创新设计任务。

续表

练习与检测	自行思考、交流、练习,遇到难点先不要问老师,要学会自主地去解决问题,解决不了的问题标记出来,在课堂实践中提问并讨论,大家一起在老师的帮助下解决问题。
交流与反馈	同学们,完成学习任务的过程中你有没有遇到困难呢? 如果有的话,可以在西点专业微信群里进行交流,也可以给学长留言。 　　每个人遇到的问题都会有所不同,大家可以互相帮助,说出你的见解。对于认真交流和反馈,或者积极帮助他人的同学,老师将记录下来进行日常考核加分。 　　可以把做得比较成功的案例相片发到朋友圈,同学们视其品相优劣给出自己的"赞",集"赞"较多的小组给予加分。
困惑与建议	1. 学习过程中遇到的问题或难点。 　　2. 对于微课自主学习的新模式,你有哪些感受? 对于微课的内容,你还有什么改进意见吗? (如难度、语速、画面等)
自我评价	1. 是否认真完整地观看了老师制作的微课视频?(如果做到认真观看,请给自己加上 20分) 　　2. 是否独立思考与学习,完成学习任务?(每独立思考并完成一个任务后,请给自己加上20 分) 　　3. 你有几次在线反馈交流呢?(每次在线反馈交流后请给自己加上 5 分) 　　4. 对于微信群中其他同学提出的问题,你帮助解答了几次呢?(每解答一次请给自己加上8 分) 　　5. 你集到的"赞"的数量。(1 个"赞"加 1 分) 　　你得到的总分为_____

微课视频

了解西点	山楂桂花泡芙(图 2-4-3-1)。 　　山楂桂花泡芙是在法式传统甜点泡芙的基础上,添加带有中国元素且营养价值较高的食材制作而成的一款创新西点。这种方法属于创新设计方法中的中西食材融合变化法。 　　中西食材融合变化法是在原有食材的基础上添加了带有中国元素的食材,将具有中、西方特色的食材融合在一道西点中。为了突出创新西点的特点,食材的选用上可以突出其口味、颜色、外观等特色,同时也要考虑到选用食材本身具有的营养成分,以互补为佳,如出现相斥的情况,不可同时使用。

了解西点	山楂是中国特有的药果,可生吃,含多种有机酸、脂肪酶和维生素 C 等,对促进蛋白质的消化、增进食欲、调节胃肠运动功能等有很好的疗效,同时还具有降血脂、降血压、抗心律不齐等作用。桂花是中国传统十大名花之一,在中国古代的咏花诗词中,咏桂之作的数量颇为可观,自古就深受中国人的喜爱。桂花味甘、性平;桂花中所含的芳香物质具有化痰、止咳、平喘的作用;桂花能祛除口中异味。山楂和桂花都具有一定的食疗功效,酸甜可口的山楂作为山楂桂花泡芙的内馅可以综合奶油的甜腻口感。泡芙表面撒上一层薄薄的桂花,香气宜人,颜色明亮,甜而不腻。从里到外不但丰富了口味的层次感,还可以提高食疗的价值。

山楂桂花泡芙配方

名称	用量/g	投料顺序
A.面糊部分		
牛奶	30	1
水	90	1
黄油	55	1
盐	2	1
低筋面粉	50	2
高筋面粉	16	2
全蛋	105	3
B.山楂啫喱部分		
山楂果泥	150	1
幼砂糖	75	1
吉利丁片	15	2
葡萄糖浆	75	1
柠檬汁	3	3
C.淡奶油部分		
淡奶油	150	1
幼砂糖	15	2
D.装饰部分		
干桂花	若干	—
鲜水果	若干	—
饼干	若干	—

续表

山楂桂花泡芙制作工艺	（一）面糊制作 面糊的原料准备见图 2-4-3-2。 1. 将水、牛奶、黄油、盐放入锅中,小火煮开(图 2-4-3-3)。 2. 将过筛好的低筋面粉和高筋面粉加入锅中,快速搅拌将面均匀烫熟,当锅底形成一层薄膜时就可离火(图 2-4-3-4)。 3. 面团降温至不烫手,分 2～3 次加入全蛋液,使面糊提起时形成倒三角形(图 2-4-3-5)。 4. 选用 12 齿花嘴放入裱花带中,再将面糊放入,在烤盘中挤成长条形,长度约 12 cm(图 2-4-3-6)。 5. 烤箱预热上下火 165℃,烤制 40～45 min。烘烤的前 15 min 不要开烤箱查看烘烤情况,防止热气流出,制作泡芙时需要热气将面糊鼓起,形成空心状(图 2-4-3-7)。 （二）山楂啫喱制作 山楂啫喱的原料准备见图 2-4-3-8。 将山楂果泥、幼砂糖和葡萄糖浆放入锅中,小火煮至小开后加入用冷水泡软的吉利丁片,搅拌至吉利丁片融化,加入柠檬汁,然后降温,将混合液转移到裱花袋冷却备用(图 2-4-3-9)。 （三）淡奶油制作 淡奶油的原料见图 2-4-3-10。 淡奶油加入幼砂糖一起打发,打至八成发即可(图 2-4-3-11)。 （四）装饰部分 1. 放凉的泡芙用刀去除 1/3,将山楂啫喱挤满泡芙(图 2-4-3-12)。 2. 把饼干薄片放在泡芙顶部,在饼干上用淡奶油挤出"S"花形,表面装饰桂花和水果(图 2-4-3-13)。
西点的创新设计	同学们,请以山楂桂花泡芙这道西点为例,通过中西食材融合变化法的应用,创新设计出一道新颖的西点,并在下面的表格中填写你设计的西点配方与制作流程。 1. 西点名称:_____ 2. 西点配方 原料名称　　　　　　用量　　　　　　投料顺序 3. 制作流程

图 2-4-3-1　山楂桂花泡芙

图 2-4-3-2　面糊配方

图 2-4-3-3　煮制面糊部分原料

图 2-4-3-4　倒入粉类

图 2-4-3-5　面糊提起的倒三角形

图 2-4-3-6　挤长条形

图 2-4-3-7　烘烤泡芙

图 2-4-3-8　山楂啫喱原料

图 2-4-3-9　煮制山楂啫喱

图 2-4-3-10　淡奶油原料

图 2-4-3-11　打发淡奶油

图 2-4-3-12　山楂啫喱挤满泡芙

图 2-4-3-13　洒上桂花

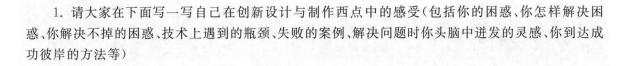

心得与评价

　　1. 请大家在下面写一写自己在创新设计与制作西点中的感受（包括你的困惑、你怎样解决困惑、你解决不掉的困惑、技术上遇到的瓶颈、失败的案例、解决问题时你头脑中迸发的灵感、你到达成功彼岸的方法等）

　　2. 老师的评价（请老师为你填写）

　　3. 同学们的评价（至少请 3 位同学为你填写）

　　4. 行业专家的评价

实训报告与考核标准

❶ 实训报告

实训时间		指导老师	
一、实训内容与过程记述			

续表

二、实训结果与产品质量
三、实训总结与体会
（详细总结自己的收获，针对本次实训有何想法？有何不足？怎样去弥补本次不足）

❷ 考核标准

（1）技能考核标准

序号	核分项目	标准分数	得分数
1	创新点运用、质量与尺寸	60	
2	口味与质感	10	
3	工艺与外观	10	
4	形态与色泽	10	
5	操作时间（60分钟）	10	
6	总分		

（2）能力与评价得分

项目	创新与技能	通用能力	小组互评	老师评价
标准分数	70	10	10	10
得分数				
总分				

考核说明：

创新与技能：学生的创新点运用与操作标准，根据完成情况打分。

通用能力：包括出勤（按时到岗、学习准备就绪），衣着，行为规范（自觉遵守纪律、有责任心和荣誉感），学习态度（积极主动、不怕困难、勇于探索），团队分工合作（能融入集体、愿意接受任务并积极完成）。实行扣分制，根据情况扣1~6分。

小组互评：值周小组对各小组任务完成的整体情况进行评价，按照优秀10分、良好8分、合格6分、不合格4分的标准进行打分，计入每个组员的成绩中。

老师评价：老师对各小组任务完成的整体情况进行评价，按照优秀10分、良好8分、合格6分、不合格4分的标准进行打分，计入每个组员的成绩中。

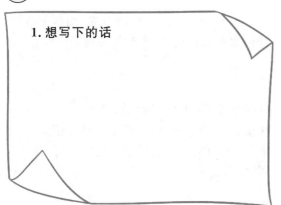

学生成长日记

1.想写下的话

2.照片墙（将你创新设计与制作过程中的点点滴滴记录在这里）

任务 4　造型变化法应用

扫码看课件

自主学习任务单

	任务名称	造型变化法应用
	案例	火锅料蛋糕
自学内容、方法与建议	学习目标	1. 知识与技能目标 （1）造型创意的特点与作用。 （2）火锅料蛋糕的制作工艺。 （3）了解传统蛋糕的制作方法与产品要求，通过造型变化法的应用，创新设计并制作出新的西点品种。 2. 过程与方法目标 （1）西点创新设计方法：造型变化法。 （2）了解传统蛋糕烘焙工艺：火锅料蛋糕的操作过程。 3. 道德情感与价值观目标 （1）操作过程中精益求精，西点产品质量力求完美，培养自己的工匠意识。 （2）节约食材，不浪费，做到物尽其用。 （3）学习过程中能够与其他同学紧密合作，及时沟通，提升自身团队合作意识。 （4）勤洗手，戴好口罩，配合国家防疫及卫生要求。 （5）操作过程符合食品加工卫生要求，培养良好的卫生习惯。 4. 学习重点和难点 （1）重点：利用造型变化的方式设计创新西点。 解析：利用蛋糕的可塑性，添加不同食材，改变其色彩，将其伪装成其他的食物或动物等，使西点具有新的特色和丰富的口感。

续表

自学内容、方法与建议	学习目标	（2）难点：海绵蛋糕的制作。 　　解析：蛋白很容易打发，但是蛋黄的脂肪含量较高，所以很难打发，加热会破坏鸡蛋的表面张力，所以在打发全蛋时采用隔温水加热的方法，保持鸡蛋的温度在 40～50 ℃。	
	学习方法与建议	1. 充分学习学案与微课，通过数字教学资源学习西点制作知识。 2. 各组同学之间多沟通，发现自身问题与对方的问题，集思广益，解决问题。 3. 在西点专业微信群中多向以前毕业并正在行业工作的学长提问，听取意见。 4. 不到万不得已不向教师提问，尽量自行解决问题。 5. 多做多练多动脑。	
	信息化环境要求	1. 拥有能够扫码与上网的智能手机或平板电脑。 2. 以班级为单位建立微信群，便于经验交流。 3. 至少邀请一名行业专家进入微信群，以便能够随时为群中的学生们提供帮助，及时做出评价。	

	学习任务	学习内容与过程	学习方法建议与提示
学习任务	了解西点	阅读学案，学习技能案例。	找出并突破重点与难点，灵活思考，激发自己的创新灵感。
	微课自学	扫描二维码，观看微课视频，自主学习并反复练习。	按照微课的教学任务逐步操作，通过自主学习与练习，深度理解西点烘焙的环节与关键点。
	创新设计西点	通过以上知识与技能的学习，找出创新点，根据造型变化法的创新原则，创制出新的西点。	总结经验，互相交流，运用最有效率的学习方法完成西点创新设计任务。

练习与检测	自行思考、交流、练习，遇到难点先不要问老师，要学会自主地去解决问题，解决不了的问题标记出来，在课堂实践中提问并讨论，大家一起在老师的帮助下解决问题。
交流与反馈	同学们，完成学习任务的过程中你有没有遇到困难呢？如果有的话，可以在西点专业微信群里进行交流，也可以给学长留言。 　每个人遇到的问题都会有所不同，大家可以互相帮助，说出你的见解。对于认真交流和反馈，或者积极帮助他人的同学，老师将记录下来进行日常考核加分。 　可以把做得比较成功的案例相片发到朋友圈，同学们视其品相优劣给出自己的"赞"，集"赞"较多的小组给予加分。

困惑与建议	1. 学习过程中遇到的问题或难点。 2. 对于微课自主学习的新模式,你有哪些感受? 对于微课的内容,你还有什么改进意见吗? (如难度、语速、画面等)
自我评价	1. 是否认真完整地观看了老师制作的微课视频? (如果做到认真观看,请给自己加上 20 分) 2. 是否独立思考与学习,完成学习任务? (每独立思考并完成一个任务后,请给自己加上 20 分) 3. 你有几次在线反馈交流呢? (每次在线反馈交流后请给自己加上 5 分) 4. 对于微信群中其他同学提出的问题,你帮助解答了几次呢? (每解答一次请给自己加上 8 分) 5. 你集到的"赞"的数量。(1 个"赞"加 1 分) 你得到的总分为 ＿＿＿＿＿＿＿＿＿＿＿＿＿＿＿＿

微课视频

自学学案

了解西点	火锅料蛋糕(图 2-4-4-1)。 　　火锅料蛋糕是在传统蛋糕的基础上,装饰添加带有火锅料元素的食材,制作出的一款创新西点。这种方法属于创新设计方法中的造型变化法。 　　造型变化法根据选用的创新造型进行 1∶1 还原,在外形、颜色或是表面装饰上尽量达到还原的逼真效果。火锅料蛋糕将四川火锅料用蛋糕的表现手法进行 1∶1 还原,将辣椒、麻椒、花椒等带有四川火锅料元素的食材加入蛋糕中,突出其颜色、外观等特点。 　　火锅料蛋糕表面的奶油为了无限接近四川火锅料表面牛油的橙红色,选择了厚重的奶油霜;主体选择了承重力更好的海绵蛋糕,为了达到颜色接近,在原味海绵蛋糕里加入了可可粉。四川火锅料大部分包装成正方形或是长方形的牛油块,为了达到形似,将制作蛋糕的模具改成正方形;在最重要的表面装饰部分,选用了可使用的辣椒、麻椒、花椒等,以达到外形、颜色和表面装饰与四川火锅料一致。

	名称	用量/g	投料顺序
火锅料蛋糕配方	A. 面糊部分		
	全蛋	120	1
	幼砂糖	70	1
	低筋面粉	65	2
	可可粉	10	2
	牛奶	25	3
	黄油	25	3

名称	用量/g	投料顺序
B.奶油霜部分		
黄油	150	1
奶油奶酪	200	2
糖粉	40	1
橙色食用色素	适量	3
红色食用色素	适量	3
C.装饰部分		
干辣椒	适量	—
花椒	适量	—
香叶	适量	—
八角	适量	—

火锅料蛋糕配方

火锅料蛋糕制作工艺

（一）面糊制作

面糊的原料准备见图 2-4-4-2。

1. 全蛋液隔温水升温至 40～50℃，加糖打发至浓稠状，隔 2～3 s 滴落盆中消失即可（图 2-4-4-3）。

2. 加入过筛低筋面粉、可可粉、融化的黄油和牛奶翻拌均匀，装入正方形模具中四分满，轻震入烤箱（图2-4-4-4）。

3. 烤箱预热，上下火 160 ℃烘烤 25～30 min（图 2-4-4-5）。

（二）奶油霜制作

奶油霜的原料准备见图 2-4-4-6。

1. 将室温软化的奶油奶酪隔温水打发至顺滑，加入打发的黄油混合均匀（图 2-4-4-7）。

2. 加入糖粉翻拌均匀（图 2-4-4-8）。

3. 取 2/3 奶油霜加入食用色素（红色、橙色）翻拌均匀，装入裱花袋（图 2-4-4-9）。

（三）装饰部分

将调好颜色的奶油霜抹在蛋糕表面，铺平；将辣椒、花椒、香叶、八角装饰在表面（图 2-4-4-10）。

西点的创新设计

同学们，请以火锅料蛋糕这道西点为例，通过造型变化法的应用，创新设计出一道新颖的西点，并在下面的表格中填写你设计的西点配方与制作流程。

1. 西点名称：＿＿＿＿＿＿＿＿＿＿＿＿＿

续表

<table>
<tr><td rowspan="10">西点的创新设计</td><td colspan="2">2. 西点配方</td></tr>
</table>

原料名称	用量

3. 制作流程

图 2-4-4-1　火锅料蛋糕

图 2-4-4-2　面糊原料

图 2-4-4-3　隔温水升温全蛋液

图 2-4-4-4　装入模具

图 2-4-4-5　烘烤

图 2-4-4-6　奶油霜原料

图 2-4-4-7　加入打发黄油

图 2-4-4-8　加入糖粉

图 2-4-4-9　装入裱花袋

图 2-4-4-10　装饰

 心得与评价

1. 请大家在下面写一写自己在创新设计与制作西点中的感受（包括你的困惑、你怎样解决困惑、你解决不掉的困惑、技术上遇到的瓶颈、失败的案例、解决问题时你头脑中迸发的灵感、你到达成功彼岸的方法等）

2. 老师的评价（请老师为你填写）

3. 同学们的评价（至少请 3 位同学为你填写）

4. 行业专家的评价

实训报告与考核标准

① **实训报告**

实训时间		指导老师	
一、实训内容与过程记述			

续表

二、实训结果与产品质量
三、实训总结与体会
(详细总结自己的收获,针对本次实训有何想法? 有何不足? 怎样去弥补本次不足)

❷ 考核标准

(1) 技能考核标准

序号	核分项目	标准分数	得分数
1	创新点运用、质量与尺寸	60	
2	口味与质感	10	
3	工艺与外观	10	
4	形态与色泽	10	
5	操作时间	10	
6	总分		

(2) 能力与评价得分

项目	创新与技能	通用能力	小组互评	老师评价
标准分数	70	10	10	10
得分数				
总分				

考核说明:

创新与技能:学生的创新点运用与操作标准,根据完成情况打分。

通用能力:包括出勤(按时到岗、学习准备就绪),衣着,行为规范(自觉遵守纪律、有责任心和荣誉感),学习态度(积极主动、不怕困难、勇于探索),团队分工合作(能融入集体、愿意接受任务并积极完成)。实行扣分制,根据情况扣1~6分。

小组互评:值周小组对各小组任务完成的整体情况进行评价,按照优秀10分、良好8分、合格6分、不合格4分的标准进行打分,计入每个组员的成绩中。

老师评价:老师对各小组任务完成的整体情况进行评价,按照优秀10分、良好8分、合格6分、不合格4分的标准进行打分,计入每个组员的成绩中。

学生成长日记

1. 想写下的话

2. 照片墙（将你创新设计与制作西点过程中的点点滴滴记录在这里）

任务 5　食趣转换法应用

扫码看课件

 自主学习任务单

	任务名称	食趣转换法应用
	案　　例	番茄提拉米苏
自学内容、方法与建议	学习目标	1. 知识与技能目标 （1）食趣转换创意的特点与作用。 （2）番茄提拉米苏的制作工艺。 （3）了解意大利甜点提拉米苏的制作方法与产品要求，通过食趣转换法的应用，创新设计并制作出新的西点品种。 2. 过程与方法目标 （1）西点创新设计方法：食趣转换法。 （2）了解传统提拉米苏的工艺：番茄提拉米苏的操作过程。 3. 道德情感与价值观目标 （1）操作过程中精益求精，西点产品质量力求完美，培养自己的工匠意识。 （2）节约食材，不浪费，做到物尽其用。 （3）学习过程中能够与其他同学紧密合作，及时沟通，提升自身团队合作意识。 （4）勤洗手，戴好口罩，配合国家防疫及卫生要求。 （5）操作过程符合食品加工卫生要求，培养良好的卫生习惯。 4. 学习重点和难点 （1）重点：利用食趣转换法设计创新西点。 解析：利用传统的制作工艺，添加一些带有趣味元素的食材，使西点具有新的外形、新的口感、新的乐趣。 （2）难点：慕斯液的制作。

续表

自学内容、方法与建议	学习目标	解析:慕斯液是制作提拉米苏的关键,其中马斯卡彭奶酪是制作中的一个难点,需要将马斯卡彭奶酪提前室温软化,再用蛋抽或刮刀打软。淡奶油的打发也是一个难点,慕斯液中的淡奶油需要打发成半固体,有流动性,打得过硬或过软都会影响慕斯的口感和形态。	
	学习方法与建议	1. 充分学习学案与微课,通过数字教学资源学习西点制作知识。 2. 各组同学之间多沟通,发现自身问题与对方的问题,集思广益,解决问题。 3. 在西点专业微信群中多向以前毕业并正在行业工作的学长提问,听取意见。 4. 不到万不得已不向教师提问,尽量自行解决问题。 5. 多做多练多动脑。	
	信息化环境要求	1. 拥有能够扫码与上网的智能手机或平板电脑。 2. 以班级为单位建立微信群,便于经验交流。 3. 至少邀请一名行业专家进入微信群,以便能够随时为群中的学生们提供帮助,及时做出评价。	

	学习任务	学习内容与过程	学习方法建议与提示
学习任务	了解西点	阅读学案,学习技能案例。	找出并突破重点与难点,灵活思考,激发自己的创新灵感。
	微课自学	扫描二维码,观看微课视频,自主学习并反复练习。	按照微课的教学任务逐步操作,通过自主学习与练习,深度理解西点烘焙的环节与关键点。
	创新设计西点	通过以上知识与技能的学习,找出创新点,根据食趣转换法的创新原则,创制出新的西点。	总结经验,互相交流,运用最有效率的学习方法完成西点创新设计任务。

练习与检测	自行思考、交流、练习,遇到难点先不要问老师,要学会自主地去解决问题,解决不了的问题标记出来,在课堂实践中提问并讨论,大家一起在老师的帮助下解决问题。
交流与反馈	同学们,完成学习任务的过程中你有没有遇到困难呢?如果有的话,可以在西点专业微信群里进行交流,也可以给学长留言。 每个人遇到的问题都会有所不同,大家可以互相帮助,说出你的见解。对于认真交流和反馈,或者积极帮助他人的同学,老师将记录下来进行日常考核加分。 可以把做得比较成功的案例相片发到朋友圈,同学们视其品相优劣给出自己的"赞",集"赞"较多的小组给予加分。

困惑与建议	1. 学习过程中遇到的问题或难点。 2. 对于微课自主学习的新模式,你有哪些感受?对于微课的内容,你还有什么改进意见吗?(如难度、语速、画面等)
自我评价	1. 是否认真完整地观看了老师制作的微课视频?(如果做到认真观看,请给自己加上 20 分) 2. 是否独立思考与学习,完成学习任务?(每独立思考并完成一个任务后,请给自己加上 20 分) 3. 你有几次在线反馈交流呢?(每次在线反馈交流后请给自己加上 5 分) 4. 对于微信群中其他同学提出的问题,你帮助解答了几次呢?(每解答一次请给自己加上 8 分) 5. 你集到的"赞"的数量。(1 个"赞"加 1 分) 你得到的总分为＿＿＿＿＿＿＿＿＿＿＿＿＿

微课视频

了解西点	番茄提拉米苏(图 2-4-5-1)。 番茄提拉米苏是在意大利甜点提拉米苏的基础上,添加带有趣味元素的食材而制作出的一款创新西点。这种方法属于创新设计方法中食趣转换法。 番茄提拉米苏以马斯卡彭奶酪为主要原料,以手指饼干取代传统甜点海绵蛋糕,加入番茄力娇酒等其他材料,最后以番茄形状呈现。食之香、滑、甜、腻,柔和中带有质感的变化。

	名称	重量/g	投料顺序
番茄提拉米苏配方	A. 手指饼干部分		
	蛋黄	80	1
	幼砂糖 A	32	1
	蛋白	80	2
	幼砂糖 B	32	2
	低筋面粉	32	3
	玉米淀粉	32	3
	力娇酒	50	1
	B. 慕斯液部分		
	番茄液	225	1
	幼砂糖	100	2
	马斯卡彭奶酪	200	3
	吉利丁片	6	4
	淡奶油	150	5

续表

名称	重量/g	投料顺序
C.淋面部分		
水	225	1
幼砂糖	450	1
葡萄糖	450	1
炼乳	300	2
吉利丁片	30	3
白巧克力	450	4
红色色粉	0.4	5
E.装饰部分		
番茄蒂		

（左侧栏：番茄提拉米苏配方）

（左侧栏：番茄提拉米苏制作工艺）

（一）手指饼干制作

手指饼干的原料准备见图 2-4-5-2。

1.将蛋黄、力娇酒、幼砂糖 A 混合均匀备用（图 2-4-5-3）。

2.将幼砂糖 B 加入蛋白中，用电动打蛋器打至九成发（图 2-4-5-4）。

3.将蛋白糊与蛋黄糊混合均匀，加入过筛的低筋面粉和玉米淀粉，抄底翻拌均匀（图 2-4-5-5）。

4.在烤盘中铺上油纸或油布、硅胶垫，将混合好的面糊倒入烤盘中铺平，轻震后放入烤箱（图 2-4-5-6）。

5.烤箱预热，上下火 170 ℃，烘烤 15 min 即可（图 2-4-5-7）。

（二）慕斯液制作

慕斯液的原料准备见图 2-4-5-8。

1.将番茄液煮沸降温，加入到打软的马斯卡彭奶酪中混合均匀（图 2-4-5-9）。

2.将打发好的淡奶油与步骤 1 的混合液混合，加入隔水融化的吉利丁片混合均匀，装入裱花袋，挤入模具七分满（图 2-4-5-10）。

3.在模具表面放入圆形饼底压平，整理好后放入冰箱冷冻（图 2-4-5-11）。

（三）淋面制作

淋面的原料准备如图 2-4-5-12 所示。

1.锅里倒入幼砂糖、葡萄糖、水煮开，离火加入炼乳，搅拌均匀后加入泡软的吉利丁片（图 2-4-5-13）。

2.倒入融化的白巧克力，搅匀后倒入红色色粉搅匀，用均质机排出气泡（图 2-4-5-14）。

3.取出冷冻好的提拉米苏，淋上红色淋面，放上番茄蒂装饰（图 2-4-5-15）。

西点的创新设计	同学们,请以番茄提拉米苏这道西点为例,通过食趣转换法的应用,创新设计出一道新颖的西点,并在下面的表格中填写你设计的西点配方与制作流程。 1. 西点名称:_____ 2. 西点配方

原料名称	用量	投料顺序

3. 制作流程

图 2-4-5-1　番茄提拉米苏

图 2-4-5-2　手指饼干原料

图 2-4-5-3　混合蛋黄、力娇酒、幼砂糖 A

图 2-4-5-4　打发蛋白

图 2-4-5-5　加入过筛的低筋和玉米淀粉

图 2-4-5-6　面糊铺平烤盘

图 2-4-5-7　烘烤

图 2-4-5-8　慕斯液原料

图 2-4-5-9　番茄液加入打软的
马斯卡彭奶酪中

图 2-4-5-10　混合原料

图 2-4-5-11　放入圆形饼底

图 2-4-5-12　淋面原料

图 2-4-5-13　搅拌部分原料

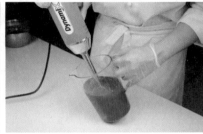
图 2-4-5-14　均质机排出气泡

图 2-4-5-15　装饰

 心得与评价

1. 请大家在下面写一写自己在创新设计与制作中的感受（包括你的困惑、你怎样解决困惑、你解决不掉的困惑、技术上遇到的瓶颈、失败的案例、解决问题时你头脑中迸发的灵感、你到达成功彼岸的方法等）

2. 老师的评价（请老师为你填写）

3. 同学们的评价（至少请 3 位同学为你填写）

4. 行业专家的评价

实训报告与考核标准

❶ 实训报告

实训时间		指导老师	
一、实训内容与过程记述			
二、实训结果与产品质量			
三、实训总结与体会			
(详细总结自己的收获,针对本次实训有何想法?有何不足?怎样去弥补本次不足)			

❷ 考核标准

（1）技能考核标准

序号	核分项目	标准分数	得分数
1	创新点运用、质量与尺寸	60	
2	口味与质感	10	
3	工艺与外观	10	
4	形态与色泽	10	
5	操作时间(60分钟)	10	
6	总分		

（2）能力与评价得分

项目	创新与技能	通用能力	小组互评	老师评价
标准分数	70	10	10	10
得分数				
总分				

考核说明：

创新与技能：学生的创新点运用与操作标准，根据完成情况打分。

通用能力：包括出勤（按时到岗、学习准备就绪），衣着、行为规范（自觉遵守纪律、有责任心和荣誉感），学习态度（积极主动、不怕困难、勇于探索），团队分工合作（能融入集体、愿意接受任务并积极完成）。实行扣分制，根据情况扣 1～6 分。

小组互评：值周小组对各小组任务完成的整体情况进行评价，按照优秀 10 分、良好 8 分、合格 6 分、不合格 4 分的标准进行打分，计入每个组员的成绩中。

老师评价：老师对各小组任务完成的整体情况进行评价，按照优秀 10 分、良好 8 分、合格 6 分、不合格 4 分的标准进行打分，计入每个组员的成绩中。

学生成长日记

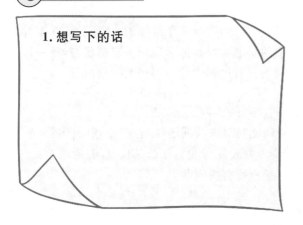

1. 想写下的话

2. 照片墙（将你创新设计与制作过程中的点点滴滴记录在这里）

任务 6　造型创意法应用 1

扫码看课件

自主学习任务单

自学内容、方法与建议	任务名称	造型创意法应用 1
	案　例	黑糖珍珠爆浆蛋糕
	学习目标	1. 知识与技能目标 （1）珍珠果粒的基本成分与作用。 （2）黑糖的相关知识与功效。 （3）黑糖珍珠爆浆蛋糕的制作工艺。 （4）了解传统戚风蛋糕的制作方法与产品要求，通过造型创意法的应用，创新设计并制作出新的西点品种。

自学内容、方法与建议	学习目标	2. 过程与方法目标 (1) 西点创新设计方法:造型创意法。 (2) 了解戚风蛋糕的烘焙工艺及奶油的打发技巧。 3. 道德情感与价值观目标 (1) 操作过程中精益求精,西点产品质量力求完美,培养自己的工匠意识。 (2) 节约食材,不浪费,做到物尽其用。 (3) 学习过程中能够与其他同学紧密合作,及时沟通,提升自身团队合作意识。 (4) 勤洗手,戴好口罩,配合国家防疫及卫生要求。 (5) 操作过程符合食品加工卫生要求,培养良好的卫生习惯。 4. 学习重点和难点 (1) 重点:利用造型创意法设计传统西点。 解析:在传统戚风蛋糕制作工艺的基础上,通过造型创意的改变,使产品具有趣味性,同时增添中式食材元素,使产品具有新的特色、风味及口感,让食客有耳目一新的感觉。 (2) 难点:奶油的打发程度。 解析:淡奶油相较于植物奶油打发程度不易掌控,对于温度的要求较高,在 4 ℃左右的凉水中比较利于打发。爆浆蛋糕的奶油需要整体呈现缓慢流动状态,稍一打过就达不到最终成品的要求,因此,在奶油打发过程中要时刻注意打发阶段。
	学习方法与建议	1. 充分学习学案与微课,通过数字教学资源学习西点知识。 2. 各组同学之间多沟通,发现自身问题与对方的问题,集思广益,解决问题。 3. 在西点专业微信群中多向以前毕业并正在行业工作的学长提问,听取意见。 4. 不到万不得已不向教师提问,尽量自行解决问题。 5. 多做多练多动脑。
	信息化环境要求	1. 拥有能够扫码与上网的智能手机或平板电脑。 2. 以班级为单位建立微信群,便于经验交流。 3. 至少邀请一名行业专家进入微信群,以便能够随时为群中的学生们提供帮助,及时做出评价。

	学习任务	学习内容与过程	学习方法建议与提示
学习任务	了解西点	阅读学案,学习技能案例。	找出并突破重点与难点,灵活思考,激发自己的创新灵感。
	微课自学	扫描二维码,观看微课视频,自主学习并反复练习。	按照微课的教学任务逐步操作,通过自主学习与练习,深度理解西点烘焙、奶油打发的环节与关键点。
	创新设计西点	通过以上知识与技能的学习,找出创新点,根据造型创意法的创新原则,创制出新的西点。	总结经验,互相交流,运用最有效率的学习方法完成西点创新设计任务。

续表

练习与检测	自行思考、交流、练习,遇到难点先不要问老师,要学会自主地去解决问题,解决不了的问题标记出来,在课堂实践中提问并讨论,大家一起在老师的帮助下解决问题。
交流与反馈	同学们,完成学习任务的过程中你有没有遇到困难呢? 如果有的话,可以在西点专业微信群里进行交流,也可以给学长留言。 　　每个人遇到的问题都会有所不同,大家可以互相帮助,说出你的见解。对于认真交流和反馈,或者积极帮助他人的同学,老师将记录下来进行日常考核加分。 　　可以把做得比较成功的案例相片发到朋友圈,同学们视其品相优劣给出自己的"赞",集"赞"较多的小组给予加分。
困惑与建议	1. 学习过程中遇到的问题或难点。 　　2. 对于微课自主学习的新模式,你有哪些感受? 对于微课的内容,你还有什么改进意见吗?(如难度、语速、画面等)
自我评价	1. 是否认真完整地观看了老师制作的微课视频?(如果做到认真观看,请给自己加上 20分) 　　2. 是否独立思考与学习,完成学习任务?(每独立思考并完成一个任务后,请给自己加上 20分) 　　3. 你有几次在线反馈交流呢?(每次在线反馈交流后请给自己加上 5分) 　　4. 对于微信群中其他同学提出的问题,你帮助解答了几次呢?(每解答一次请给自己加上 8分) 　　5. 你集到的"赞"的数量。(1个"赞"加 1分) 　　你得到的总分为＿＿＿＿＿＿＿＿＿＿＿＿＿＿＿

微课视频

🥚 自学学案

　　黑糖珍珠爆浆蛋糕(图 2-4-6-1)。

　　黑糖珍珠爆浆蛋糕是在传统戚风蛋糕的基础上,改变造型而制作的一款创新甜品。这种方法属于创新设计方法中的造型创意法。

　　黑糖珍珠爆浆蛋糕在造型创意方面没有采用传统的蛋糕切片抹面的方法,而是把中间一部分挖空,灌入打至七至八分发的奶油,使之表面呈现流动状态,打造一种新型的蛋糕造型,切开后能够像瀑布一样流出,亦被称作"瀑布蛋糕"。

　　黑糖含有可提供热能的碳水化合物,以及人体生长发育不可缺少的苹果酸、核黄素、胡萝卜素、烟酸和锰、锌、铬等。珍珠果粒用木薯淀粉制作而成,含有碳水化合物、蛋白质、少量脂肪及微量 B 族维生素。黑糖和珍珠果粒都是中式面点及饮品中常见的食材,将其融入西点中,能够打造出丰富的成品口感。

名称	用量/g	投料顺序
A. 面糊部分		
蛋黄	50	1
牛奶	50	2
植物油	30	2
低筋面粉	40	3
可可粉	10	3
蛋白	110	4
柠檬汁	2	4
幼砂糖	45	4
B. 装饰部分		
鲜奶油 A	80	1
鲜奶油 B	170	2
黑巧克力	30	1
幼砂糖	8	2
珍珠果粒	50	3
黑糖	10	3

黑糖珍珠爆浆蛋糕配方

黑糖珍珠爆浆蛋糕制作工艺

（一）面糊部分

面糊部分的原料准备见图 2-4-6-2。

1. 蛋黄中加入牛奶、植物油，过筛的低筋面粉和可可粉，混合均匀（图 2-4-6-3）。

2. 蛋白中加入柠檬汁、幼砂糖打至干性发泡（图 2-4-6-4）。

3. 将蛋黄糊与打发蛋白混合均匀，注入模具七至八分满，轻震入烤箱（图 2-4-6-5）。

4. 烤箱上下火 160 ℃，烘烤 35～40 min，至表面金黄不粘连，出炉倒扣晾凉（图 2-4-6-6）。

（二）装饰部分

装饰部分的原料准备见图 2-4-6-7。

1. 锅里放珍珠果粒加水煮熟，滤网过滤（图 2-4-6-8）。

2. 锅里加入鲜奶油 A 煮到小开，与融化的黑巧克力拌匀放冰箱冷藏（图 2-4-6-9）。

3. 盆里倒入鲜奶油 B，加幼砂糖打至五成发，加入之前混合好的黑巧克力鲜奶油（图 2-4-6-10）。

4. 蛋糕体脱模，利用圆形卡模在中间卡出 5.5 cm 直径的圆形，挤入奶油，铺上珍珠果粒，表面再挤好奶油。在蛋糕体表面铺上珍珠果粒进行装饰（图 2-4-6-11）。

续表

西点的创新设计	同学们,请以黑糖珍珠爆浆蛋糕这道西点为例,通过造型创意法的应用,创新设计出一道新颖的西点,并在下面的表格中填写你设计的西点配方与制作流程。

同学们,请以黑糖珍珠爆浆蛋糕这道西点为例,通过造型创意法的应用,创新设计出一道新颖的西点,并在下面的表格中填写你设计的西点配方与制作流程。

1. 西点名称:_____

2. 西点配方

原料名称	用量	投料顺序

3. 制作流程

图 2-4-6-1　黑糖珍珠爆浆蛋糕

图 2-4-6-2　面糊部分原料

图 2-4-6-3　混合部分原料

图 2-4-6-4　打发蛋白

图 2-4-6-5　混合蛋黄糊与蛋白

图 2-4-6-6　出炉

图 2-4-6-7　装饰部分原料

图 2-4-6-8　过滤珍珠果粒

图 2-4-6-9　混合黑巧克力与鲜奶油

图 2-4-6-10　混合食材

图 2-4-6-11　铺珍珠果粒装饰蛋糕

心得与评价

1. 请大家在下面写一写自己在创新设计与制作中的感受（包括你的困惑、你怎样解决困惑、你解决不掉的困惑、技术上遇到的瓶颈、失败的案例、解决问题时你头脑中迸发的灵感、你到达成功彼岸的方法等）

2. 老师的评价（请老师为你填写）

3. 同学们的评价（至少请 3 位同学为你填写）

4. 行业专家的评价

实训报告与考核标准

① 实训报告

实训时间		指导老师	
一、实训内容与过程记述			
二、实训结果与产品质量			
三、实训总结与体会			
（详细总结自己的收获，针对本次实训有何想法？有何不足？怎样去弥补本次不足）			

② 考核标准

（1）技能考核标准

序号	核分项目	标准分数	得分数
1	创新点运用、质量与尺寸	60	
2	口味与质感	10	
3	工艺与外观	10	
4	形态与色泽	10	
5	操作时间（60 分钟）	10	
6	总分		

（2）能力与评价得分

项目	创新与技能	通用能力	小组互评	老师评价
标准分数	70	10	10	10
得分数				
总分				

考核说明：

创新与技能：学生的创新点运用与操作标准，根据完成情况打分。

通用能力：包括出勤（按时到岗、学习准备就绪），衣着，行为规范（自觉遵守纪律、有责任心和荣誉感），学习态度（积极主动、不怕困难、勇于探索），团队分工合作（能融入集体、愿意接受任务并积极完成）。实行扣分制，根据情况扣 1～6 分。

小组互评：值周小组对各小组任务完成的整体情况进行评价，按照优秀 10 分、良好 8 分、合格 6 分、不合格 4 分的标准进行打分，计入每个组员的成绩中。

老师评价：老师对各小组任务完成的整体情况进行评价，按照优秀 10 分、良好 8 分、合格 6 分、不合格 4 分的标准进行打分，计入每个组员的成绩中。

学生成长日记

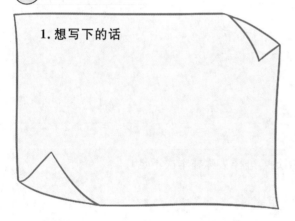

1. 想写下的话

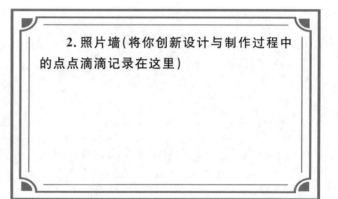

2. 照片墙（将你创新设计与制作过程中的点点滴滴记录在这里）

任务 7　造型创意法应用 2

扫码看课件

自主学习任务单

自学内容、方法与建议	任务名称	造型创意法应用 2
	案　例	芒果椰子慕斯
	学习目标	1. 知识与技能目标 （1）芒果、椰子的基本功效与作用。 （2）慕斯的种类和定义。 （3）芒果椰子慕斯的制作工艺。 （4）了解法式传统慕斯的制作方法与产品要求，通过造型创意法的应用，创新设计并制作出新的西点品种。

续表

<table>
<tr><td rowspan="3">自学内容、方法与建议</td><td>学习目标</td><td colspan="2">

2. 过程与方法目标

(1)西点创新设计方法:造型创意法。

(2)了解传统慕斯蛋糕制作工艺:慕斯饼底及慕斯液的制作过程。

3. 道德情感与价值观目标

(1)操作过程中精益求精,西点产品质量力求完美,培养自己的工匠意识。

(2)节约食材,不浪费,做到物尽其用。

(3)学习过程中能够与其他同学紧密合作,及时沟通,提升自身团队合作意识。

(4)勤洗手,戴好口罩,配合国家防疫及卫生要求。

(5)操作过程符合食品加工卫生要求,培养良好的卫生习惯。

4. 学习重点和难点

(1)重点:利用造型创意法设计创新西点。

解析:在传统慕斯体的基础上,添加一层白色巧克力喷砂,丰富了成品的外观,能够激发人们的食欲与兴趣。

(2)难点:喷砂的制作与使用。

解析:喷砂的使用温度有着严格的要求,慕斯体必须是冷冻状态才能保证霜体挂在其表面,可可脂的添加,在喷制过程中会更加顺滑、轻薄,丰富产品的味觉层次。

</td></tr>
<tr><td>学习方法与建议</td><td colspan="2">

1. 充分学习学案与微课,并通过数字教学资源学习西点知识。

2. 各组同学之间多沟通,发现自身问题与对方的问题,集思广益,解决问题。

3. 在西点专业微信群中多向以前毕业并正在行业工作的学长提问,听取意见。

4. 不到万不得已不向教师提问,尽量自行解决问题。

5. 多做多练多动脑。

</td></tr>
<tr><td>信息化环境要求</td><td colspan="2">

1. 拥有能够扫码与上网的智能手机或平板电脑。

2. 以班级为单位建立微信群,便于经验交流。

3. 至少邀请一名行业专家进入微信群,以便能够随时为群中的学生们提供帮助,及时做出评价。

</td></tr>
<tr><td rowspan="4">学习任务</td><td>学习任务</td><td>学习内容与过程</td><td>学习方法建议与提示</td></tr>
<tr><td>了解西点</td><td>阅读学案,学习技能案例。</td><td>　　找出并突破重点与难点,灵活思考,激发自己的创新灵感。</td></tr>
<tr><td>微课自学</td><td>　　扫描二维码,观看微课视频,自主学习并反复练习。</td><td>　　按照微课的教学任务逐步操作,通过自主学习与练习,深度理解西点烘焙的环节与关键点。</td></tr>
<tr><td>创新设计西点</td><td>　　通过以上知识与技能的学习,找出创新点,根据造型创意法的创新原则,创制出新的西点。</td><td>　　总结经验,互相交流,运用最有效率的学习方法完成西点创新设计任务。</td></tr>
</table>

续表

练习与检测	自行思考、交流、练习,遇到难点先不要问老师,要学会自主地去解决问题,解决不了的问题标记出来,在课堂实践中提问并讨论,大家一起在老师的帮助下解决问题。
交流与反馈	同学们,完成学习任务的过程中你有没有遇到困难呢? 如果有的话,可以在西点专业微信群里进行交流,也可以给学长留言。 　　每个人遇到的问题都会有所不同,大家可以互相帮助,说出你的见解。对于认真交流和反馈,或者积极帮助他人的同学,老师将记录下来进行日常考核加分。 　　可以把做得比较成功的案例相片发到朋友圈,同学们视其品相优劣给出自己的"赞",集"赞"较多的小组给予加分。
困惑与建议	1. 学习过程中遇到的问题或难点。 　　2. 对于微课自主学习的新模式,你有哪些感受? 对于微课的内容,你还有什么改进意见吗?(如难度、语速、画面等)
自我评价	1. 是否认真完整地观看了老师制作的微课视频?(如果做到认真观看,请给自己加上 20 分) 　　2. 是否独立思考与学习,完成学习任务?(每独立思考并完成一个任务后,请给自己加上 20 分) 　　3. 你有几次在线反馈交流呢?(每次在线反馈交流后请给自己加上 5 分) 　　4. 对于微信群中其他同学提出的问题,你帮助解答了几次呢?(每解答一次请给自己加上 8 分) 　　5. 你集到的"赞"的数量。(1 个"赞"加 1 分) 　　你得到的总分为＿＿＿＿＿＿＿＿＿＿＿＿＿

 自学学案

微课视频

了解西点	芒果椰子慕斯(图 2-4-7-1)。 　　芒果椰子慕斯是在法式传统慕斯基础上,制作的一款充满夏日风情的造型蛋糕。利用芒果和椰子做造型,这种方法属于创新设计方法中的造型创意法。 　　慕斯类产品由于模具种类较多,因此可以做出的造型也比较丰富。在慕斯整体造型的基础上,搭配不同的插件,可以增添慕斯蛋糕的高度及层次感,在视觉上让人有赏心悦目和耳目一新的感觉。

<table>
<tr><td rowspan="3">了解西点</td><td colspan="3">　　芒果是一种大众非常喜爱的水果,属于深色水果类,营养非常丰富,含有多种维生素和膳食纤维,其中维生素 A 和维生素 C 的含量尤其丰富,适当进食可增强机体免疫力,改善心血管疾病症状,润肠通便等。芒果可以去核生食也可以做成饮料饮用,但过敏体质的人群以及糖尿病人群要控制进食量。</td></tr>
<tr><td colspan="3">　　椰汁及椰肉含大量蛋白质、果糖、葡萄糖、蔗糖、脂肪、膳食纤维、维生素 B_1、维生素 E、维生素 C、钾、钙、镁等。椰肉色白如玉,芳香滑脆,椰汁清凉甘甜,椰肉和椰汁是老少皆宜的美味佳果,能够益气健脾,生津止渴,利尿消肿。</td></tr>
<tr><td colspan="3">　　芒果和椰子都属于热带水果,搭配起来使慕斯颜色鲜艳,口味香甜,成为一款具有浓厚热带风情的慕斯类西点。</td></tr>
<tr><td rowspan="30">芒果椰子慕斯配方</td><td>名称</td><td>用量/g</td><td>投料顺序</td></tr>
<tr><td>A. 饼底部分</td><td></td><td></td></tr>
<tr><td>蛋黄</td><td>100</td><td>1</td></tr>
<tr><td>全蛋</td><td>50</td><td>1</td></tr>
<tr><td>蛋白</td><td>122</td><td>2</td></tr>
<tr><td>幼砂糖</td><td>122</td><td>2</td></tr>
<tr><td>低筋面粉</td><td>43</td><td>3</td></tr>
<tr><td>椰蓉</td><td>43</td><td>3</td></tr>
<tr><td>融化黄油</td><td>25</td><td>3</td></tr>
<tr><td>B. 芒果夹心部分</td><td></td><td></td></tr>
<tr><td>幼砂糖</td><td>67.5</td><td>1</td></tr>
<tr><td>芒果果泥</td><td>200</td><td>2</td></tr>
<tr><td>吉利丁</td><td>5</td><td>3</td></tr>
<tr><td>力娇酒</td><td>5</td><td>4</td></tr>
<tr><td>C. 椰子慕斯部分</td><td></td><td></td></tr>
<tr><td>蛋白</td><td>100</td><td>1</td></tr>
<tr><td>幼砂糖</td><td>150</td><td>1</td></tr>
<tr><td>水</td><td>80</td><td>1</td></tr>
<tr><td>马利宝椰子酒</td><td>20</td><td>3</td></tr>
<tr><td>椰子果茸</td><td>200</td><td>2</td></tr>
<tr><td>吉利丁</td><td>8</td><td>2</td></tr>
<tr><td>淡奶油</td><td>75</td><td>4</td></tr>
<tr><td>D. 喷砂液部分</td><td></td><td></td></tr>
<tr><td>白巧克力</td><td>50</td><td>1</td></tr>
<tr><td>可可脂</td><td>50</td><td>1</td></tr>
</table>

芒果椰子慕斯制作工艺	（一）饼底制作 饼底的原料准备见图 2-4-7-2。 1. 蛋白中分三次加入幼砂糖，打至湿性发泡（图 2-4-7-3）。 2. 将打发的蛋白和全蛋、蛋黄混合均匀，再加入过筛的低筋面粉（图 2-4-7-4）。 3. 将椰蓉和融化黄油加入面糊，混合均匀，倒入铺好油纸的烤盘中（图 2-4-7-5）。 4. 轻震入烤箱，上下火 170 ℃，烘烤 12～18 min（图 2-4-7-6）。 （二）芒果夹心制作 芒果夹心的原料准备见图 2-4-7-7。 将芒果果泥，幼砂糖混合后煮至糖化，熄火倒入吉利丁搅拌均匀，放凉后加入力娇酒，将芒果夹心装入裱花袋，注入模具中（图 2-4-7-8）。 （三）椰子慕斯制作 椰子慕斯的原料准备见图 2-4-7-9。 1. 打发淡奶油至五至六成发（图 2-4-7-10）。 2. 椰子果茸煮至小开，倒入吉利丁，拌匀后加马利宝椰子酒（图 2-4-7-11）。 3. 水中加幼砂糖煮至 117～121 ℃，蛋白打至湿性发泡，再加糖水打至中性发泡备用（图 2-4-7-12）。 4. 打好的蛋白先加椰子果茸，再加淡奶油混合均匀，装入裱花袋，注入模具 1/2 处时，放入芒果夹心，再注入慕斯液到模具 2/3 处，最后放上饼底，急冻 2 h（图 2-4-7-13）。 （四）喷砂液制作 1. 白巧克力、可可脂分别熔化后，隔热水混合均匀至无颗粒状（图 2-4-7-14）。 2. 冷冻的慕斯体取出放入托盘，将喷砂液装入喷砂机中，均匀喷在慕斯体表面（图 2-4-7-15）。
西点的创新设计	同学们，请以芒果椰子慕斯这道西点为例，通过造型创意法的应用，创新设计出一道新颖的西点，并在下面的表格中填写你设计的西点配方与制作流程。 1. 西点名称：_____ 2. 西点配方 <table><tr><td>原料名称</td><td>用量</td><td>投料顺序</td></tr></table> 3. 制作流程

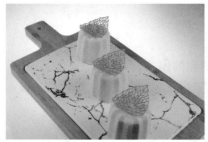

图 2-4-7-1 芒果椰子慕斯

图 2-4-7-2 面糊原料

图 2-4-7-3 打发蛋白

图 2-4-7-4 加入低筋面粉

图 2-4-7-5 面糊倒入烤盘

图 2-4-7-6 烘烤出炉

图 2-4-7-7 芒果夹心原料

图 2-4-7-8 芒果夹心注入模具

图 2-4-7-9 椰子慕斯原料

图 2-4-7-10 打发淡奶油

图 2-4-7-11 加入吉利丁

图 2-4-7-12 打发蛋白

图 2-4-7-13 注入模具

图 2-4-7-14 隔水熔化

图 2-4-7-15 喷涂慕斯体表面

心得与评价

　　1. 请大家在下面写一写自己在创新设计与制作中的感受（包括你的困惑、你怎样解决困惑、你解决不掉的困惑、技术上遇到的瓶颈、失败的案例、解决问题时你头脑中迸发的灵感、你到达成功彼岸的方法等）

　　2. 老师的评价（请老师为你填写）

　　3. 同学们的评价（至少请 3 位同学为你填写）

　　4. 行业专家的评价

实训报告与考核标准

❶ 实训报告

实训时间		指导老师	
一、实训内容与过程记述			

续表

二、实训结果与产品质量
三、实训总结与体会
（详细总结自己的收获，针对本次实训有何想法？有何不足？怎样去弥补本次不足）

❷ 考核标准

（1）技能考核标准

序号	核分项目	标准分数	得分数
1	创新点运用、质量与尺寸	60	
2	口味与质感	10	
3	工艺与外观	10	
4	形态与色泽	10	
5	操作时间（60 分钟）	10	
6	总分		

（2）能力与评价得分

项目	创新与技能	通用能力	小组互评	老师评价
标准分数	70	10	10	10
得分数				
总分				

考核说明：

创新与技能：学生的创新点运用与操作标准，根据完成情况打分。

通用能力：包括出勤（按时到岗、学习准备就绪），衣着，行为规范（自觉遵守纪律、有责任心和荣誉感），学习态度（积极主动、不怕困难、勇于探索），团队分工合作（能融入集体、愿意接受任务并积极完成）。实行扣分制，根据情况扣 1～6 分。

小组互评：值周小组对各小组任务完成的整体情况进行评价，按照优秀 10 分、良好 8 分、合格 6 分、不合格 4 分的标准进行打分，计入每个组员的成绩中。

老师评价：老师对各小组任务完成的整体情况进行评价，按照优秀 10 分、良好 8 分、合格 6 分、不合格 4 分的标准进行打分，计入每个组员的成绩中。

学生成长日记

1. 想写下的话

2. 照片墙(将你创新设计与制作过程中的点点滴滴记录在这里)

任务8 **更改用途法应用1**

扫码看课件

 自主学习任务单

	任务名称	更改用途法应用1
	案例	紫苏芝麻戚风
自学内容、方法与建议	学习目标	1. 知识与技能目标 (1) 紫苏的相关知识与功效。 (2) 芝麻的相关知识与功效。 (3) 紫苏芝麻戚风的制作工艺。 (4) 了解传统戚风蛋糕的制作方法与产品要求,通过更改用途法的应用,创新设计并制作出新的西点品种。 2. 过程与方法目标 (1) 西点创新设计方法:更改用途法。 (2) 了解戚风蛋糕烘焙工艺:原味戚风蛋糕的制作过程。 3. 道德情感与价值观目标 (1) 操作过程精益求精,西点产品质量力求完美,培养自己的工匠意识。 (2) 节约食材,不浪费,做到物尽其用。 (3) 学习过程中能够与其他同学紧密合作,及时沟通,提升自身团队合作意识。 (4) 勤洗手,戴好口罩,配合国家防疫及卫生要求。 (5) 操作过程符合食品加工卫生要求,培养良好的卫生习惯。 4. 学习重点和难点 (1) 重点:利用更改用途法设计传统西点。 解析:在传统戚风蛋糕制作工艺的基础上,通过添加紫苏和芝麻,增加西点的营养价值,使产品具有一定的功效。新颖食材的添加,能够体现产品特色及风味,让人们在享用美味甜品的同时,感受营养西点的新奇与创意。

续表

自学内容、方法与建议	学习目标	（2）难点：高筋面粉加入后的翻拌手法。 解析：高筋面粉相较于低筋面粉容易起筋，所以翻拌时一定要注意手法，抄拌法和切拌法交替进行，动作不能过重，一定要尽量轻柔一些，最终将粉类拌匀，整体呈顺滑流动状态。
	学习方法与建议	1. 充分学习学案与微课，通过数字教学资源学习西点知识。 2. 各组同学之间多沟通，发现自身问题与对方的问题，集思广益，解决问题。 3. 在西点专业微信群中多向以前毕业并正在行业工作的学长提问，听取意见。 4. 不到万不得已不向教师提问，尽量自行解决问题。 5. 多做多练多动脑。
	信息化环境要求	1. 拥有能够扫码与上网的智能手机或平板电脑。 2. 以班级为单位建立微信群，便于经验交流。 3. 至少邀请一名行业专家进入微信群，以便能够随时为群中的学生们提供帮助，及时做出评价。

	学习任务	学习内容与过程	学习方法建议与提示
学习任务	了解西点	阅读学案，学习技能案例。	找出并突破重点与难点，灵活思考，激发自己的创新灵感。
	微课自学	扫描二维码，观看微课视频，自主学习并反复练习。	按照微课的教学任务逐步操作，通过自主学习与练习，深度理解西点烘焙的环节与关键点。
	创新设计西点	通过以上知识与技能的学习，找出创新点，根据更改用途法的创新原则，创制出新的西点。	总结经验，互相交流，运用最有效率的学习方法完成西点创新设计任务。

练习与检测	自行思考、交流、练习，遇到难点先不要问老师，要学会自主地去解决问题，解决不了的问题标记出来，在课堂实践中提问并讨论，大家一起在老师的帮助下解决问题。
交流与反馈	同学们，完成学习任务的过程中你有没有遇到困难呢？如果有的话，可以在西点专业微信群里进行交流，也可以给学长留言。 每个人遇到的问题都会有所不同，大家可以互相帮助，说出你的见解。对于认真交流和反馈，或者积极帮助他人的同学，老师将记录下来进行日常考核加分。 可以把做得比较成功的案例相片发到朋友圈，同学们视其品相优劣给出自己的"赞"，集"赞"较多的小组给予加分。

困惑与建议	1. 学习过程中遇到的问题或难点。 2. 对于微课自主学习的新模式,你有哪些感受?对于微课的内容,你还有什么改进意见吗?(如难度、语速、画面等)
自我评价	1. 是否认真完整地观看了老师制作的微课视频?(如果做到认真观看,请给自己加上 20 分) 2. 是否独立思考与学习,完成学习任务?(每独立思考并完成一个任务后,请给自己加上 20 分) 3. 你有几次在线反馈交流呢?(每次在线反馈交流后请给自己加上 5 分) 4. 对于微信群中其他同学提出的问题,你帮助解答了几次呢?(每解答一次请给自己加上 8 分) 5. 你集到的"赞"的数量。(1 个"赞"加 1 分) 你得到的总分为 ＿＿＿＿＿＿＿＿＿＿＿＿＿＿＿＿＿

 自学学案

微课视频

了解西点	紫苏芝麻戚风(图 2-4-8-1)。 紫苏芝麻戚风在传统戚风蛋糕的基础上,通过添加紫苏和黑芝麻,提高了西点的营养价值,丰富了蛋糕的口味,这种方法属于创新设计方法中的更改用途法。 紫苏叶子背面为紫色,被称为厨房里的中药。主要作用有解表散寒,行气化滞等。 芝麻具有补肝肾,益精血,润肠燥和通乳的功效,主要治疗身体虚弱、头晕耳鸣、高血压、高血脂、咳嗽以及头发早白、贫血萎黄、大便干燥等。 紫苏和芝麻的搭配适用的人群非常广泛。芝麻的香浓和紫苏的清香能够在口味上进行互补,相得益彰。

紫苏芝麻戚风配方	名称	用量/g	投料顺序
	A.面糊部分		
	蛋黄	35	1
	幼砂糖	19	1
	盐	0.4	1
	葡萄籽油	42.5	2
	牛奶	45	2
	黑芝麻酱	7.5	3
	高筋面粉	17.5	4
	低筋面粉	27.5	4

	名称	用量/g	投料顺序
	黑芝麻粉	7.5	4
	黑芝麻	1.5	4
	泡打粉	1	4
	蛋白	105	5
	柠檬汁	1	5
	幼砂糖	25	5
	B.奶油酱部分		
	淡奶油	200	1
	幼砂糖	12	1
	紫苏粉	5	1
	黑芝麻酱	15	2
	C.装饰部分		
	水果	适量	—

左侧栏标注：紫苏芝麻戚风配方

左侧栏标注：紫苏芝麻戚风制作工艺

（一）面糊部分

面糊部分的原料准备见图 2-4-8-2。

1. 将蛋黄、幼砂糖、盐、牛奶和葡萄籽油混合均匀,再加入黑芝麻酱,过筛的高筋面粉、低筋面粉、泡打粉、黑芝麻粉,黑芝麻翻拌均匀(图 2-4-8-3)。

2. 蛋白中加入柠檬汁,分三次加入幼砂糖,打至中性发泡(图 2-4-8-4)。

3. 将蛋白糊与蛋黄糊混合均匀,注入模具七分满(图 2-4-8-5)。

4. 轻震后入烤箱,上下火 160 ℃,烘烤 20～25 min,至手感偏实,不粘连,出烤箱倒扣晾凉(图 2-4-8-6)。

（二）奶油酱部分

奶油酱的原料准备见图 2-4-8-7。

淡奶油中加幼砂糖、紫苏粉打发至七成,再加入黑芝麻酱打发至八成(图 2-4-8-8)。

（三）装饰部分

表面装饰奶油酱和水果(图 2-4-8-9)。

左侧栏标注：西点的创新设计

同学们,请以紫苏芝麻戚风这道西点为例,通过造型创意法的应用,创新设计出一道新颖的西点,并在下面的表格中填写你设计西点的配方与制作流程。

1. 西点名称：_____

西点的创新设计	2. 西点配方		
	原料名称	用量	投料顺序
	3. 制作流程		

图 2-4-8-1　紫苏芝麻戚风

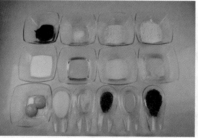

图 2-4-8-2　面糊原料

图 2-4-8-3　混合原料

图 2-4-8-4　打发蛋白

图 2-4-8-5　注入模具

图 2-4-8-6　脱模

图 2-4-8-7　奶油酱原料

图 2-4-8-8　制作奶油酱

图 2-4-8-9　表面装饰

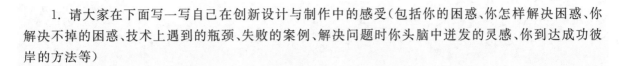

心得与评价

　　1. 请大家在下面写一写自己在创新设计与制作中的感受（包括你的困惑、你怎样解决困惑、你解决不掉的困惑、技术上遇到的瓶颈、失败的案例、解决问题时你头脑中迸发的灵感、你到达成功彼岸的方法等）

　　2. 老师的评价（请老师为你填写）

　　3. 同学们的评价（至少请 3 位同学为你填写）

　　4. 行业专家的评价

实训报告与考核标准

❶ 实训报告

实训时间		指导老师	
一、实训内容与过程记述			

续表

二、实训结果与产品质量
三、实训总结与体会
（详细总结自己的收获,针对本次实训有何想法？有何不足？怎样去弥补本次不足）

❷ 考核标准

（1）技能考核标准

序号	核分项目	标准分数	得分数
1	创新点运用、质量与尺寸	60	
2	口味与质感	10	
3	工艺与外观	10	
4	形态与色泽	10	
5	操作时间（60 分钟）	10	
6	总分		

（2）能力与评价得分

项目	创新与技能	通用能力	小组互评	老师评价
标准分数	70	10	10	10
得分数				
总分				

考核说明:

创新与技能:学生的创新点运用与操作标准,根据完成情况打分。

通用能力:包括出勤（按时到岗、学习准备就绪）,衣着,行为规范（自觉遵守纪律、有责任心和荣誉感）,学习态度（积极主动、不怕困难、勇于探索）,团队分工合作（能融入集体、愿意接受任务并积极完成）。实行扣分制,根据情况扣 1～6 分。

小组互评:值周小组对各小组任务完成的整体情况进行评价,按照优秀 10 分、良好 8 分、合格 6 分、不合格 4 分的标准进行打分,计入每个组员的成绩中。

老师评价:老师对各小组任务完成的整体情况进行评价,按照优秀 10 分、良好 8 分、合格 6 分、不合格 4 分的标准进行打分,计入每个组员的成绩中。

学生成长日记

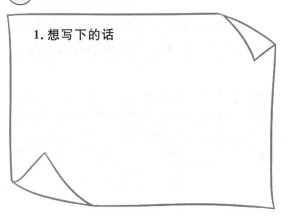

1. 想写下的话

2. 照片墙（将你创新设计与制作过程中的点点滴滴记录在这里）

任务 9　更改用途法应用 2

扫码看课件

自主学习任务单

任务名称		更改用途法应用 2
案　　例		黑糖玛德琳
自学内容、方法与建议	学习目标	1. 知识与技能目标 （1）玛德琳的相关历史与知识。 （2）黑糖的相关知识与功效。 （3）黑糖玛德琳的制作工艺。 （4）了解传统玛德琳的制作方法与产品要求，通过更改用途法的应用，创新设计并制作出新的西点品种。 2. 过程与方法目标 （1）西点创新设计方法：更改用途法。 （2）了解法式甜点重油蛋糕的制作技法：玛德琳的制作过程。 3. 道德情感与价值观目标 （1）操作过程中精益求精，西点产品质量力求完美，培养自己的工匠意识。 （2）节约食材，不浪费，做到物尽其用。 （3）学习过程中能够与其他同学紧密合作，及时沟通，提升自身团队合作意识。 （4）勤洗手，戴好口罩，配合国家防疫及卫生要求。 （5）操作过程符合食品加工卫生要求，培养良好的卫生习惯。 4. 学习重点和难点 （1）重点：利用更改用途法设计传统西点。 解析：改变传统西点的主料，使西点具有新的特色、风味及口感，进行产品升级与创新。

续表

自学内容、方法与建议	学习目标	（2）难点：玛德琳面糊的松弛状态。 解析：制作玛德琳的面糊松弛至缓慢流动状态，烘烤出的成品才会紧致扎实。如果流动过快，还需继续冷藏松弛，也可进行冷冻松弛，但冷冻时间需要相应缩短。
	学习方法与建议	1. 充分学习学案与微课，通过数字教学资源学习西点知识。 2. 各组同学之间多沟通，发现自身问题与对方的问题，集思广益，解决问题。 3. 在西点专业微信群中多向以前毕业并正在行业工作的学长提问，听取意见。 4. 不到万不得已不向教师提问，尽量自行解决问题。 5. 多做多练多动脑。
	信息化环境要求	1. 拥有能够扫码与上网的智能手机或平板电脑。 2. 以班级为单位建立微信群，便于经验交流。 3. 至少邀请一名行业专家进入微信群，以便能够随时为群中的学生们提供帮助，及时做出评价。

	学习任务	学习内容与过程	学习方法建议与提示
学习任务	了解西点	阅读学案，学习技能案例。	找出并突破重点与难点，灵活思考，激发自己的创新灵感。
	微课自学	扫描二维码，观看微课视频，自主学习并反复练习。	按照微课的教学任务逐步操作，通过自主学习与练习，深度理解西点烘焙的环节与关键点。
	创新设计西点	通过以上知识与技能的学习，找出创新点，根据更改用途法的创新原则，创制出新的西点。	总结经验，互相交流，运用最有效率的学习方法完成西点创新设计任务。

练习与检测	自行思考、交流、练习，遇到难点先不要问老师，要学会自主地去解决问题，解决不了的问题标记出来，在课堂实践中提问并讨论，大家一起在老师的帮助下解决问题。
交流与反馈	同学们，完成学习任务的过程中你有没有遇到困难呢？如果有的话，可以在西点专业微信群里进行交流，也可以给学长留言。 每个人遇到的问题都会有所不同，大家可以互相帮助，说出你的见解。对于认真交流和反馈，或者积极帮助他人的同学，老师将记录下来进行日常考核加分。 可以把做得比较成功的案例相片发到朋友圈，同学们视其品相优劣给出自己的"赞"，集"赞"较多的小组给予加分。

续表

困惑与建议	1. 学习过程中遇到的问题或难点。 2. 对于微课自主学习的新模式,你有哪些感受? 对于微课的内容,你还有什么改进意见吗?(如难度、语速、画面等)
自我评价	1. 是否认真完整地观看了老师制作的微课视频?(如果做到认真观看,请给自己加上 20 分) 2. 是否独立思考与学习,完成学习任务?(每独立思考并完成一个任务后,请给自己加上 20 分) 3. 你有几次在线反馈交流呢?(每次在线反馈交流后请给自己加上 5 分) 4. 对于微信群中其他同学提出的问题,你帮助解答了几次呢?(每解答一次请给自己加上 8 分) 5. 你集到的"赞"的数量。(1 个"赞"加 1 分) 你得到的总分为_____

 自学学案

微课视频

了解西点	黑糖玛德琳(图 2-4-9-1)。 黑糖玛德琳是在传统玛德琳的工艺基础上,添加中式黑糖,在降低产品甜度的同时增加产品的功效,这种方法属于创新设计方法中的更改用途法。 西点中融合传统中式黑糖,在保证甜味的同时,增添了黑糖的特殊风味,降低了产品的含糖量。黑糖含有可提供热能的碳水化合物,以及人体生长发育不可缺少的苹果酸、核黄素、胡萝卜素、烟酸和微量元素锰、锌、铬等。使用中式黑糖可以降低因食用糖量超标带来的身体负担,具有一定的保健作用。

	原料名称	用量/g	投料顺序
黑糖玛德琳配方	全蛋液	110	1
	黑糖	100	1
	盐	0.5	1
	淡奶油	30	2
	低筋面粉	120	3
	泡打粉	3	3
	黄油	120	4
	蜂蜜	20	5

续表

黑糖玛德琳制作工艺	黑糖玛德琳原料(图 2-4-9-2)。 1. 全蛋液、黑糖、盐打至糖溶化,加入淡奶油,混合均匀(图 2-4-9-3)。 2. 面糊过筛(图 2-4-9-4)。 3. 低筋面粉、泡打粉过筛,加入蛋黄糊中混合均匀(图 2-4-9-5)。 4. 加入隔热水融化至液体的黄油、蜂蜜,搅拌均匀,装入裱花袋(图 2-4-9-6)。 5. 在模具上喷入脱模油,挤入模具八分满(图 2-4-9-7)。 6. 烤箱预热,上下火 180 ℃,烘烤 10～12 分钟,表面鼓起呈浅褐色即可(图 2-4-9-8)。
西点的创新设计	同学们,请以黑糖玛德琳这道西点为例,通过更改用途法的应用,创新设计出一道新颖的西点,并在下面的表格中填写你设计的西点配方与制作流程。 1. 西点名称:_____ 2. 西点配方 原料名称　　　　　　用量　　　　　　投料顺序 3. 制作流程

图 2-4-9-1　黑糖玛德琳

图 2-4-9-2　黑糖玛德琳原料

图 2-4-9-3　加入淡奶油

图 2-4-9-4 面糊过筛

图 2-4-9-5 混合粉类

图 2-4-9-6 装入裱花袋

图 2-4-9-7 挤入模具

图 2-4-9-8 成品出炉

心得与评价

1. 请大家在下面写一写自己在创新设计与制作中的感受（包括你的困惑、你怎样解决困惑、你解决不掉的困惑、技术上遇到的瓶颈、失败的案例、解决问题时你头脑中迸发的灵感、你到达成功彼岸的方法等）

2. 老师的评价（请老师为你填写）

3. 同学们的评价（至少请 3 位同学为你填写）

4. 行业专家的评价

实训报告与考核标准

❶ 实训报告

实训时间		指导老师	
一、实训内容与过程记述			
二、实训结果与产品质量			
三、实训总结与体会			
(详细总结自己的收获,针对本次实训有何想法?有何不足?怎样去弥补本次不足)			

❷ 考核标准

（1）技能考核标准

序号	核分项目	标准分数	得分数
1	创新点运用、质量与尺寸	60	
2	口味与质感	10	
3	工艺与外观	10	
4	形态与色泽	10	
5	操作时间(60分钟)	10	
6	总分		

（2）能力与评价得分

项目	创新与技能	通用能力	小组互评	老师评价
标准分数	70	10	10	10
得分数				
总分				

考核说明：

创新与技能：学生的创新点运用与操作标准，根据完成情况打分。

通用能力：包括出勤（按时到岗、学习准备就绪），衣着，行为规范（自觉遵守纪律、有责任心和荣誉感），学习态度（积极主动、不怕困难、勇于探索），团队分工合作（能融入集体、愿意接受任务并积极完成）。实行扣分制，根据情况扣 1～6 分。

小组互评：值周小组对各小组任务完成的整体情况进行评价，按照优秀 10 分、良好 8 分、合格 6 分、不合格 4 分的标准进行打分，计入每个组员的成绩中。

老师评价：老师对各小组任务完成的整体情况进行评价，按照优秀 10 分、良好 8 分、合格 6 分、不合格 4 分的标准进行打分，计入每个组员的成绩中。

学生成长日记

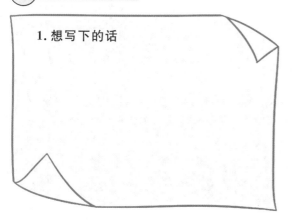

1. 想写下的话

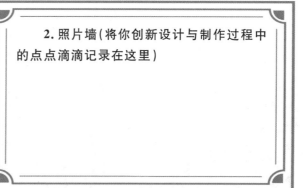

2. 照片墙（将你创新设计与制作过程中的点点滴滴记录在这里）

模块 3

餐饮业热卖创新菜点实例

本模块知识精选成功餐饮企业广受大众喜爱的流行创新菜式,对其进行详细讲解,分析其在市场中成功的原因,希望大家能够汲取其中新颖优秀的菜肴创新方法后举一反三,在今后的社会服务中创新制作出更加符合社会需求、迎合大众爱好的新颖菜点。

扫码看课件　微课视频

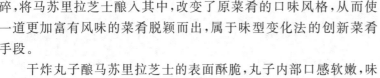

干炸丸子酿马苏里拉芝士见图 3-0-1-1。

一、菜肴简介与创新点

干炸丸子是北方人非常喜爱的一道菜肴,北方很多城市的传统民间菜馆中都有这道菜肴的身影。在干炸丸子中加入黑胡椒碎,将马苏里拉芝士酿入其中,改变了原菜肴的口味风格,从而使一道更加富有风味的菜肴脱颖而出,属于味型变化法的创新菜肴手段。

干炸丸子酿马苏里拉芝士的表面酥脆,丸子内部口感软嫩,味

图 3-0-1-1　干炸丸子酿马苏里拉芝士

道咸鲜。内部的马苏里拉芝士馅心因为加热融化成半流体的状态,使菜肴的口感更加复杂;黑胡椒碎适当提高了菜肴口味的辛辣度,起到了增进食欲的效果。

二、学习目标

(一)知识与技能目标

掌握干炸丸子酿马苏里拉芝士的制作流程。

(二)过程与方法目标

1. 掌握中式菜肴创新设计方法味型变化法的应用。

2. 了解菜肴烹调技法——干炸的操作过程。

(三)道德情感与价值观目标

1. 操作过程中精益求精,菜肴质量力求完美,培养自己的工匠意识。

2. 节约食材,不浪费,做到物尽其用。

3. 学习过程中能够与其他同学紧密合作,及时沟通,提升自身团队合作意识。

4. 操作过程符合食品加工卫生要求,培养良好的卫生习惯。

三、菜肴配方

主料:猪肩肉 300 g、马苏里拉芝士 150 g。

配料与调辅料:盐 5 g、味精 3 g、葱姜水 20 g、食用油 1000 g、淀粉 8 g、白胡椒粉 6 g、黑胡椒碎 4 g、各种香辛料 20 g、芝麻油 3 g。

四、菜肴制作流程

(一)原料初处理(图 3-0-1-2)

各种香辛料用料理机打成粉末;猪肩肉剁成肉馅,加入盐、味精、葱姜水、芝麻油、淀粉、香辛料粉、白胡椒粉、黑胡椒碎搅打上劲;马苏里拉芝士切成小块,便于酿入肉丸中。

图 3-0-1-2　原料初处理

（二）肉丸的捏制（图 3-0-1-3）

将调制好的肉馅捏成直径为 3.5 cm 的肉丸，并将芝士酿入其中。

图 3-0-1-3　捏制肉丸

（三）炸制与装盘（图 3-0-1-4）

锅中置油，烧至五六成热，将肉丸挤入锅中，炸制成表面枣红色、质地酥脆的肉丸，装盘即可。

图 3-0-1-4　炸制与装盘

五、重点、难点的解析与感受

1. 重点：利用味型变化法设计创新菜肴。

解析：利用改变原菜肴的味道、风格与口感、质地来创造出新的菜肴品种。

想一想，还有哪些原料可以用这种方法来设计创新？

2. 难点：肉丸的制作。

解析：肉丸在搅打过程中尽量掌握好劲道，搅拌过度会使肉丸口感变得坚韧；肉丸在捏制时大小要一致，炸制时火候要掌握好，避免成熟度不一致。

任务 2　川味得莫利黑鱼片

扫码看课件　微课视频

川味得莫利黑鱼片见图 3-0-2-1。

一、菜肴简介与创新点

哈尔滨市方正县有一个叫得莫利的小村庄,得莫利炖鱼是村里的特色菜肴,已有一百多年的历史。由于这个村北靠松花江,在鱼多的时候村民主要靠打鱼来维持生计。20世纪80年代初,村里的一对老夫妇在路边上开了间小饭店,招待路上歇脚吃饭的过路人。他们把当地的活鲤鱼(也可以用鲇鱼、鲫鱼、嘎牙子鱼)和豆腐、宽粉条子炖在一起,味道鲜美,广受欢迎。

图 3-0-2-1　川味得莫利黑鱼片

川味得莫利黑鱼片将原本酱香的味道改良为川味,将鲤鱼改为味道与口感更加醇厚与细嫩的黑鱼片,使菜肴的味道更加诱人。

二、学习目标

(一)知识与技能目标

掌握川味得莫利黑鱼片的制作流程。

(二)过程与方法目标

1. 掌握中式菜肴创新设计方法味型变化法的应用。

2. 了解菜肴烹调技法——炖的操作过程。

(三)道德情感与价值观目标

1. 操作过程中精益求精,菜肴质量力求完美,培养自己的工匠意识。

2. 节约食材,不浪费,做到物尽其用。

3. 学习过程中能够与其他同学紧密合作,及时沟通,提升自身团队合作意识。

4. 操作过程符合食品加工卫生要求,培养良好的卫生习惯。

三、菜肴配方

主料:黑鱼 300 g。

配料与调辅料:盐 5 g、味精 3 g、料酒 6 g、生抽 5 g、大葱 10 g、香葱 10 g、姜 10 g、食用油 20 g、各种香辛料 8 g、猪五花肉 30 g、东北粉条 100 g、豆腐 150 g、青红椒 15 g、郫县豆瓣 5 g、干树椒 10 g、家常干辣椒 10 g、白胡椒粉 3 g、水淀粉 5 g、鲜汤 1000 g。

四、菜肴制作流程

(一)原料初处理(图 3-0-2-2)

黑鱼去头、内脏、骨,取净肉切成厚 1 cm 的黑鱼片;大葱切大块、姜切片、香葱切末;东北粉条泡发,猪五花肉切成薄片。

(二)黑鱼片的腌制与上浆(图 3-0-2-3)

黑鱼片加入盐、白胡椒粉腌制 5 分钟,加入水淀粉,轻轻搅拌至鱼片表面被水淀粉均匀地包裹。

(三)菜肴的炖制(图 3-0-2-4)

1. 锅中置底油,下入干树椒、家常干辣椒、郫县豆瓣炒出红油,加入猪五花肉、各种香辛料炒香。

2. 倒入鲜汤,加入葱、姜、料酒、生抽调味,加入豆腐、东北粉条,炖煮入味。

3. 将腌制好的黑鱼片轻轻地推入锅中,待黑鱼片刚刚成熟,加入味精,在汤的表面撒入香葱末与青红椒即可。

图 3-0-2-2　原料初处理

图 3-0-2-3　黑鱼片的腌制与上浆　　　　　　图 3-0-2-4　炖制菜肴

五、重点、难点的解析与感受

1. 重点：利用味型变化法设计创新菜肴。

解析：利用改变原菜肴的味道、风格与口感、质地来创造出新的菜肴品种。

想一想，还有哪些原料可以用这种方法来设计创新？

2. 难点：鱼片的切配。

解析：鱼片在切配过程中要将鱼骨除净，利用斜刀法将鱼片切出，刀具要锋利，这样切出的鱼片表面才会光滑，口感才会细嫩。

扫码看课件　微课视频

任务3　寿　司　龙

寿司龙见图 3-0-3-1。

一、菜肴简介与创新点

箱寿司指在盒子里糅合各种材料制作的寿司，于 17 世纪左右在日本东京诞生。当时作为日本中心的东京繁荣富足，寿司像现在的快餐一样被人们接受，因为做起来简单，吃起来方便，特别受人们喜爱。

本道菜肴是在箱寿司的基础上进行改良，在煮熟的东北五常大米中加入火龙果浆，再通过长条状的箱型寿司模具进行压制，在其表面撒上各种天然海苔与蔬菜等，从而制成形状美观的长条状箱型寿司，故称为"寿司龙"。

图 3-0-3-1　寿司龙

二、学习目标

（一）知识与技能目标

掌握寿司龙的制作流程。

（二）过程与方法目标

1. 掌握中式菜肴创新设计方法食趣转换法的应用。

2. 了解菜肴烹调技法——寿司的制作过程。

（三）道德情感与价值观目标

1. 操作过程中精益求精，菜肴质量力求完美，培养自己的工匠意识。

2. 节约食材，不浪费，做到物尽其用。

3. 学习过程中能够与其他同学紧密合作，及时沟通，提升自身团队合作意识。

4. 操作过程符合食品加工卫生要求，培养良好的卫生习惯。

三、菜肴配方

主料：热米饭 240 g。

配料与调辅料：寿司醋 10 g、沙拉酱 20 g、火龙果 50 g、圣女果干 10 g、鸡肉松 50 g、生菜 5 g、海苔丝 2 g。

四、菜肴制作流程

（一）原料初处理（图 3-0-3-2）

火龙果取出果肉，切成块；生菜切丝；圣女果干切粒；热米饭弄松散。

（二）寿司饭的制作（图 3-0-3-3）

将热米饭、火龙果块、寿司醋搅拌均匀，制成紫红色的寿司饭。

（三）寿司的压模与脱模（图 3-0-3-4）

1. 模具用水清洗干净，均匀平铺拌制好的米饭，盖上压板，放入餐具，脱模。

2. 按餐具预留尺寸将寿司饭分割成 10 份。

图 3-0-3-2　原料初处理　　　　　　　　　　图 3-0-3-3　制作寿司饭

3. 依次加入鸡肉松、沙拉酱、海苔丝、生菜丝、圣女果干,配专用木叉即可。

图 3-0-3-4　寿司的压模与脱模

五、重点、难点的解析与感受

1. 重点:利用食趣转换法设计创新菜肴。

解析:利用改良菜肴的色彩、造型,增加食用的趣味创造出新的菜肴品种。

想一想,还有哪些原料可以用这种方法来设计创新?

2. 难点:寿司饭的制作。

解析:大米需选用质量上乘的粳米,米与水的比例为 1∶1,寿司醋与米饭的比例为 1∶5,同时米饭必须保温,温度不可低于 40℃。

任务 4　熏牛里脊片

扫码看课件　　微课视频

熏牛里脊片见图 3-0-4-1。

一、菜肴简介与创新点

将煎至三成熟的烟熏牛里脊切成薄片,卷起各种新鲜脆嫩的蔬菜丝来食用,味道极富层次感,微微的烟熏味会将牛肉的鲜香味推向极致。此菜肴的创新方法为食趣转换法。

图 3-0-4-1　熏牛里脊片

二、学习目标

（一）知识与技能目标

掌握熏牛里脊片的制作流程。

（二）过程与方法目标

1. 掌握中式菜肴创新设计方法食趣转换法的应用。

2. 了解菜肴烹调技法——煎与卷的操作过程。

（三）道德情感与价值观目标

1. 操作过程中精益求精，菜肴质量力求完美，培养自己的工匠意识。

2. 节约食材，不浪费，做到物尽其用。

3. 学习过程中能够与其他同学紧密合作，及时沟通，提升自身团队合作意识。

4. 操作过程符合食品加工卫生要求，培养良好的卫生习惯。

三、菜肴配方

主料：韩式熏牛里脊 150 g。

配料与调辅料：韩盐 2 g、黑胡椒碎 1 g、清酒 5 g、芝麻油 5 g、辣根汁 2 g、甘蓝 50 g、紫甘蓝 50 g、黄洋葱 50 g、蒜 15 g、胡萝卜 10 g、绿尖椒 10 g 等。

四、菜肴制作流程

（一）原料初处理（图 3-0-4-2）

甘蓝、紫甘蓝、黄洋葱、胡萝卜、绿尖椒切丝，蒜切片，冰水浸泡待用。

图 3-0-4-2　原料初处理

（二）熏牛里脊的腌制（图 3-0-4-3）

将熏牛里脊整形，加入韩盐、黑胡椒碎、清酒腌制。

（三）熏牛里脊的煎制与冷冻（图 3-0-4-4）

1. 取平底锅，下入色拉油、芝麻油，上火预热，下入熏牛里脊中高火煎至一侧结痂，约二成熟，翻面继续煎至结痂上色，约二成熟，继续翻面煎至四面均结痂上色，成品约三成熟即可。

2. 煎制好的熏牛里脊稍冷却，保鲜膜卷制冷冻待用。

图 3-0-4-3　腌制熏牛里脊

图 3-0-4-4　煎制熏牛里脊

（四）熏牛里脊的切配与装盘（图 3-0-4-5）

1. 将冷冻后的煎制熏牛里脊切成长 15 cm、厚 0.2 cm 的薄片，一边卷起，半铺于餐具内，甘蓝丝、紫甘蓝丝、黄洋葱丝去水,摆放呈堆状,装饰胡萝卜丝、绿尖椒丝、蒜片。

2. 熏牛里脊片卷制蔬菜,配蒜片,蘸食辣根汁即可。

图 3-0-4-5　切配与装盘

五、重点、难点的解析与感受

1. 重点:利用食趣转换法设计创新菜肴。

解析:利用改良菜品的色彩、造型,增加食用的趣味创造出新的菜肴品种。

想一想,还有哪些原料可以用这种方法来设计创新?

2. 难点:熏牛里脊的煎制。

解析:锅烧得要热,煎制时间要掌握好,表面成熟层厚度不要超过 2 mm。

任务 5　南瓜慕斯

扫码看课件

微课视频

南瓜慕斯见图 3-0-5-1。

一、菜肴简介与创新点

本道菜肴与西点中的慕斯有很大区别,没有利用西点中的吉利丁片而是采用鸡蛋的凝固性来制作。菜肴中的南瓜采用雕刻用的实心老南瓜,口感细腻,配有芝士酱,使其口感更加柔和且带有淡淡奶香味。南瓜慕斯在出菜时是多样性的,可单独成菜也可作为配菜出菜。

图 3-0-5-1　南瓜慕斯

二、学习目标

(一)知识与技能目标

1. 学会不同品种南瓜的使用方法。

2. 能够运用鸡蛋的凝固性来制作菜肴。

3．能够运用不同食材进行菜肴的搭配。

（二）过程与方法目标

1．掌握西式菜肴创新设计方法西式面点借鉴法，使其适合热菜与冷菜的搭配。

2．了解菜肴烹调技法——烹的操作过程。

（三）道德情感与价值观目标

1．操作过程中精益求精，菜肴质量力求完美，培养自己的工匠意识。

2．节约食材，不浪费，做到物尽其用。

3．学习过程中能够与其他同学紧密合作，及时沟通，提升自身团队合作意识。

4．操作过程符合食品加工卫生要求，培养良好的卫生习惯。

四、菜肴配方

如图 3-0-5-2 所示。

主料：南瓜 600 g、淡奶油 160 mL、全蛋液 350 mL、动物黄油 10 g。

配料与调辅料：帕玛森芝士粉 40 g、原味蛋黄酱 500 g、炼乳 250 g。

图 3-0-5-2　菜肴配方

五、菜肴制作流程

1．将蒸熟的南瓜控干水分，与淡奶油、全蛋液、动物黄油混合，放入料理机中搅拌均匀（图 3-0-5-3）。

2．将搅拌好的南瓜糊放入模具中，放入预热好的烤箱（上火 170 ℃、下火 180 ℃）中水浴烤制 50 min（图 3-0-5-4）。

3．在帕玛森芝士粉中加入原味蛋黄酱、炼乳，用料理机搅拌均匀（图 3-0-5-5）。

4．用不同裱花嘴在南瓜慕斯上做好造型即可上菜。

图 3-0-5-3　搅拌南瓜糊　　　　　图 3-0-5-4　烤箱烤制　　　　　图 3-0-5-5　搅拌酱汁

六、注意事项

1．南瓜宜选用实心的雕刻用老南瓜。

2．蒸熟的南瓜一定要沥干水分，防止因水分过多而影响菜肴的形状。

3．黄油一定要乳化，南瓜慕斯才能够细腻。

4．南瓜慕斯一定要冷后才能切割，热的南瓜慕斯不成型。

5．烤制南瓜慕斯必须水浴加热，防止表面干裂。